U0502565

走出无力感

解锁生命力量的成长密码

田　辉　赵春霞　著

中国科学技术出版社
·北　京·

图书在版编目（CIP）数据

走出无力感：解锁生命力量的成长密码 / 田辉，赵春霞著 . -- 北京：中国科学技术出版社，2025. 5（2025.5 重印）.

ISBN 978-7-5236-1263-7

Ⅰ. B821-49

中国国家版本馆 CIP 数据核字第 2025TV8318 号

策划编辑	赵　嵘	**责任编辑**	高雪静
封面设计	仙境设计	**版式设计**	蚂蚁设计
责任校对	吕传新	**责任印制**	李晓霖

出　　版	中国科学技术出版社
发　　行	中国科学技术出版社有限公司
地　　址	北京市海淀区中关村南大街 16 号
邮　　编	100081
发行电话	010-62173865
传　　真	010-62173081
网　　址	http://www.cspbooks.com.cn

开　　本	880mm×1230mm　1/32
字　　数	156 千字
印　　张	9
版　　次	2025 年 5 月第 1 版
印　　次	2025 年 5 月第 3 次印刷
印　　刷	大厂回族自治县彩虹印刷有限公司
书　　号	ISBN 978-7-5236-1263-7/B·204
定　　价	59.80 元

（凡购买本社图书，如有缺页、倒页、脱页者，本社销售中心负责调换）

推荐语

我们总要面对生命中的各种困惑及其带来的无力感，但我们可以选择的是深陷其中无法自拔，还是找到生命中的希望和力量。本书从当代人常见的六种问题入手，透过六个个案对导致无力感的深层原因和改变方式做了深入、细致又全面的诠释。书中的案例紧贴当代人生活中的困惑，既有基于心理学理论的深层剖析，又结合每个个案提供了具有针对性、实操性的改变策略和方法。本书处处充满着作者对每个来访者的人文关怀以及对生命力量的充分挖掘，是不可多得的集理论与实践于一体的好书。

北京师范大学心理学部教授、博士生导师　林丹华

这是一本极具启发性和实用性的心理自助图书。它如同一面镜子，让我们直面内心的脆弱与迷茫，同时又像一盏明灯，照亮我们前行的道路。作者以细腻的笔触和深刻的洞察力，通过六个具有代表性的案例揭示了无力感的本质，并有针对性地提出了应对策略，帮助我们重新认识自己、摆脱痛苦，重拾对生活的热爱与期待。

河北省青年联合会主席　孙贺

用六个生动、翔实的案例故事，剖析生命成长中不可回避的重要议题；用真诚、开放、专业的咨询素养，陪伴读者挣脱无力感的束缚，唤醒蓬勃向上的生命力量！

燕山大学心理科学研究所教授　徐静英

本书像一盏冬夜里的明灯，照亮了无数人内心的黑暗角落。书中没有枯燥的理论堆砌，而是通过六个生动的故事，以对话的形式再现了咨询场景，深入浅出地剖析了无力感的根源，并提供了切实可行的解决方法。每一段对话都充满了两位作者的智慧和关怀，仿佛一位老朋友在耳边轻声细语，给予人力量和方向，帮助读者在迷茫中找到方向，在困难中激发潜能，走出无力的深渊，绽放生命的华彩。

天津中医药大学第二附属医院心身科主任、主任医师
毛稚霞

读完整本书感觉有"三个特殊"之感：

第一，书的内容十分特殊。一方面，它专业，书中有众多心理学专业理论和咨询实务技术，可以供有志投身心理咨

询事业的朋友学习借鉴；另一方面，它大众化，对完全没有心理学基础的人也同样友好，因此很适合广大青少年、家长和教师阅读。

第二，书的作者十分特殊。严格意义上来说，两位作者老师不属于任何一个心理流派，因为他们的咨询技术从不局限于任何单一理论。十几年高等教育、心理咨询的实践和思考，他们扎根时代、扎根中国、扎根青少年，对每位来访者内心的经历感同身受，帮助他们自我觉醒。书中的案例在当下极具普遍性。

第三，书的设计十分特殊。不仅排版精美，更重要的是每一个案例、每一个段落、每一句话，甚至每一幅插图，都是经过反复推敲、精雕细琢的。在快餐文化流行的时代，这显得十分难能可贵。

华北电力大学（保定）心理咨询中心博士　张艳斌

从田辉博士和赵春霞博士的书中读到了方法，读到了智慧，读到了慈悲。愿本书能照亮世界，温暖人间。

对外经贸大学国际经济伦理研究中心研究员　田一可

在徐小凤唱《顺流逆流》的时代，人人相信人生靠打拼，努力就有回报。40 年过去了，再要逆天改命，人生就很容易陷入无力感。因此，本书出得及时，能帮你在困难的时候看见内在力量，找到再出发的希望。

秋叶品牌创始人　秋叶

作者以平实的语言、科学的态度，激活读者深藏的心力，唤起生命的觉醒。他既能解锁"密码"，又能释放势能，不断建构从"绝望"到"希望"的渡桥，引领读者在自我接纳和救赎中看见并成为最好的自己。

导演、资深媒体人　周思超

当无力感笼罩心理世界时，动力丧失、情绪障碍、心理纠结等一系列消极心态便悄然而至，我们必须认真对待这些问题。本书在鲜活的案例中介绍了多种解决方案，值得一读，强烈推荐。

高级心理督导师、家庭教育畅销书作家　芮彩琴

大变局所引发的心无力的感觉可能会困住任何人。那种感觉仿若行至穷途，四顾茫茫。然而作者告诉我们，"心无力并非终点，而是心灵成长的契机"。恰似王勃所言："穷且益坚，不坠青云之志。"古今智慧在此交错融汇。当我们处于困境中时，我们更需坚守内心的信念，以坚韧不拔的毅力跨越

重重阻碍。书中不仅剖析了心无力的根源，更以智慧的笔触剖析了六个案例，为心灵点亮前行的灯塔。

《深圳之窗》总编辑，香港浸会大学研究生院、《企业传讯研究》特聘讲师　连芳菲

作者在自己二十多年心理咨询生涯中见过诸多有无力感的来访者，结合他们的情况，用细腻而真挚的笔触描绘心灵困境，展现了无力感的隐秘角落，用多元而专业的心理技术和理念，剖析成因，层层深入，步步向阳，呈现了重塑心智的历程和唤醒潜能的方法，有助于每位阅读者悦纳真实的自我，拥抱生机盎然的人生。

河北衡水中学心理中心教研室主任　王丽娜

作者用 6 个生动的案例清晰地呈现了咨询的过程，同时穿插讲解了理论知识和咨询技巧，这对以咨询为职业的心理师和想引导孩子走出无力感的家长都有很大的帮助。本书使读者能直观地学会如何问、如何说、如何答，值得推荐！

衡水日报家庭教育中心主任　张世浩

➡️ 推荐序一
走出无力感，重启生命力量

马克思指出："人创造环境，同样，环境也创造人。"随着经济全球化、人工智能和产业自动化程度加深，很多人感受到自己的渺小，进而缺失人生意义和价值感，陷入无力感的心理困境。这既是个体的心理议题，也是时代的精神课题，但人的主体性价值不在于消极地"躺平"，而在于积极地创造。当代青年在面对困境时不能绕道而行，而应主动探索、向阳而生，创造性地改变心理困境，实现心智成长。

本书作者以其多年的心理咨询实践为基础，通过六个典型案例，为我们勾勒出当代青年心理成长的全景图。从自卑到创伤，从空虚到抑郁，从情感障碍到社交恐惧，每一个故事都映射着时代的症候、带有时代的烙印。同时，书中融入百余个心理学理论观点和实用技术，构建了一个系统的心理成长支持体系，不仅能帮助读者认识自我、突破困境，更能启发读者在实践中提升自我、在奋斗中实现价值。

对于每一位正在经历成长困惑的青年朋友而言，这本书是一面镜子，照见内心的困扰；是一位知心朋友，在迷茫时给予专业的指导和温暖的陪伴；是一盏明灯，引导、探索前行的方向，帮助他们找到属于自己的人生坐标。

衷心期望这本凝聚着专业智慧、人文关怀和技术方法的著作，能够帮助更多青年朋友走出无力感的困扰，激发内在奋斗的生命力量。

北京师范大学学术委员会主任、教授、博导，

中国人生科学学会会长　韩震

推荐序二
解锁生命力量，赋能青春成长

　　随着生活节奏的不断加快，社会竞争日趋激烈，许多人在追逐梦想的过程中，常常感到力不从心、迷失方向。从校园里不敢表达自我的学生，到职场中承受巨大压力的白领；从内心承受精神创伤的年轻人，到表面开朗实则内心痛苦的青少年，"无力感"已成为人们挥之不去的心理困扰，它如同一片阴云，遮蔽了人们对生活的热情与期待。而《走出无力感：解锁生命力量的成长密码》一书，恰如一道光，指引了各个年龄段的人心理成长之路。

　　第一作者田辉，是一位优秀的心理健康教育者，我有幸见证了他的成长历程。他曾是河北省第一批骨干辅导员和精英辅导员，在大学生思想教育一线积累了丰富的实践经验。他既是出色的心理健康教育工作者，又是优秀的思想政治工作者，两者的高度契合形成了他独特的心理健康教育特色。他曾多次在全省高校和中小学心理健康教育培训班做专题报告，其专业见解和务实作风广受好评。丰富的经历和扎实的专业素养，也使本书具备了难得的故事性、理论性和实操性的统一。

作者以多年的心理咨询经验，敏锐地捕捉到青年人普遍面临的无力感的心理困境，并将其凝练为六个具有代表性的主题：自卑人生、精神暴力、空心生活、阳光抑郁、恋爱失能和社交恐惧。这六个主题既相对独立又彼此呼应，共同构建了一幅无力感心理状态的全景图。从"不喜欢自己的我"到"孑然一身的我"，从"内心虚无的我"到"表面开朗而内心痛苦的我"，每一个故事都真实动人，折射出了这个时代很多青年人的集体焦虑与迷茫。

本书最难能可贵的地方，除了丰富扎实的理论阐述和灵活多样的技术方法，更在于其真实的情感表达与人性关怀。无论是探讨早期记忆中的心理创伤，还是剖析严重情绪化的父母对孩子的影响；无论是理解从小被设计的生活带来的困扰，还是关注懂事的孩子总是自己扛的心理负担，作者始终以充满同理心的姿态，深入理解来访者的困扰与痛苦，我们可以感受到作者对人性的深刻理解，以及其对心理健康的专业关怀。这种真诚的态度，让读者在阅读过程中能够产生强烈的共鸣，从而更好地接纳自己，找到改变的勇气和力量。

对于青少年教育工作者，这本书具有重要的现实意义。当前，青少年的心理健康问题日益引起社会关注。从校园里的自卑怯懦，到家庭中的精神暴力；从成长中的迷茫困惑，到社交中的恐惧退缩，这些问题都需要我们给予专业且有温度的指导。本书提供了大量的理论洞见和技术方法，可以帮助教育工作者更好地理解和帮助青少年走出心理困境，培养其积极的人生态度和权变的处世之道。

对于心理教育咨询从业者，这本书融入了丰富的心理学理论与实践方法。从"乔哈里视窗"到"奇迹问话"；从"九分割统筹绘画法"到"认知行为疗法五栏法"，140多个心理理论观点和实用心理技术的精妙运用，不仅体现了作者扎实的学理支撑，更拥有强大的实践指导价值。既有理论深度，又有可操作性，心理教育咨询从业者可将本书作为实用性工具书，将其理论观点和心理技术运用于教育咨询实践之中。

对于每一位读者而言，这本书不仅是一份心理自助指南，更是一份走向心理成长的邀请函。当你在书中遇到"全世界最自卑的人"的故事，看到"不会哭的女孩"的困扰，体会到"压力山大却不知为什么而活"的迷茫，请记住：你并不孤单。每个人的生命中都有属于自己的困惑与迷茫，关键在于我们如何面对这些挑战，如何在困境中发现自己的生命潜能，从而迸发出向阳而生的蓬勃力量。

本书为我们提供了一把解锁生命力量的钥匙，帮助我们重新认识自己，发现内在的潜能，找到成为更好自己的心理成长路径。在这个充满不确定性的时代，愿这本书能够成为你的心灵伙伴，陪伴你从自我关怀出发，通过积极行动，最终到达自我实现的人生境界！

河北省学校德育工作中心主任　蔡杭州

2025 年春节前夕，我收到田辉教授寄来的这本书《走出无力感：解锁生命力量的成长密码》。他要我写篇推荐序。此时，我正在太平洋的轮渡上，并且正寻找一本关于青少年无力感或者说"玻璃心"方面的书。

因为这一年，我经历了医疗同行四个家庭失去自己孩子的遗憾。2024 年 11 月到 12 月的一个月内，我遇到了四位因为失去独生子女以及第一个孩子有自杀倾向并已实施自杀的来访者，她们都在计划做试管婴儿。我还在这两个月内，听闻有两位高三、两位大学一年级的孩子自杀。

我每天都在想：原因到底是什么？是什么导致这样的无力感？是什么让孩子如此的脆弱？

此时，田辉教授送来了这本书，在我最需要的时候，以最适当的时机，带着最适宜落地的内容，呈现在我面前。

感恩一切我生命中的机遇！

我与田辉教授相识始于 2021 年 12 月，当时，因北京妇产学会主任委员（北京大学人民医院妇产科沈浣教授）

倡导成立了北京妇产学会心理分会，北师大心理学部的林丹华教授担任分会的主任委员，邀请了我和田辉教授作为分会常务委员。之后，我在线上与田辉教授有过多次深度交流。通过交流，我进一步了解了田辉教授的研究领域。他主要针对青少年问题做心理咨询和心理培训，他的咨询理念具有综合性，同时具有比较先进的现代化思想。他善于广泛参照国内外著名心理学家的流派与理论，加以落地，具有较深的心理学功底。

2023年3月，我负责的国家级CME项目[2024-05-01-315（国）]"2023孕产综合服务能力系列培训"在线上顺利举办，我邀请田辉教授以《孕产女性心理咨询及医患沟通案例分享》为题，做培训讲座分享。

令我印象深刻的是，他讲的是"情绪是什么"。情绪就是我们每个人整体的一种能量，释放情绪才能获得能量。释放情绪就是让我们生命能量的钟摆摆动起来，让它充满活力。其间我问田辉教授：关于认知维度的调整，你一般喜欢用什么方法？他说，一般用塞利格曼的"三件好事"，很有效。

这一次，从与田辉教授的深度交流中，我学习到很多心理咨询技术，并对一些心理咨询技术加深了印象。我觉得他是一位特别适合学心理学的有灵性的心理学研究者，也是不可多得的认真负责的心理咨询师。

2024 年 9 月,我负责的继续教育项目"妇产生殖与综合干预"培训再次举办,我邀请了田辉教授来北京授课,请他以《妇幼心理健康与积极心理学咨询流程与方法》为题进行分享。

这是我们的第一次见面,田辉教授给我留下了深刻印象,他的讲课风格与行事风格吻合,朴实无华且诙谐落地,善于结合案例,并融合各学派心理理论,他的课程也深受来自全国多地区多学科医护同行与会者的青睐。

相识之初,我就感觉田辉教授是天生适合学习心理的人。他性格平和,接纳度高,宽容,耐心,仁厚。做心理咨询的他,有那种与生俱来的适宜和融合感。他与来访者交流时那种不评判、不定义,平易近人的风范,让我想起美国心理学家罗杰斯所说的"以当事人为中心"的观点。

本书我通读了两遍,又翻阅了数回,整体结构清晰,逻辑分明。作者结合了成百上千的心理咨询案例,以六个虚构人物的来访为主线,系统梳理了包括自卑人生、精神暴力、空心生活、阳光抑郁、恋爱失能和社恐孤岛等六种无力感的典型症状、成因、干预咨询等,而这些问题正是当下广大青少年普遍存在的心理困境。

在写作过程中,作者应用多种心理流派咨询技术,并抽丝剥茧地分析来访者的心理症状、原因、结果，带领来访者重塑认知、自我赋能、重构关系、反思觉悟，帮助其走出心理困境，走进正常的工作生活，活出朝气蓬勃的自己。

我和田辉教授有一个共同的心愿：提高青少年的心理弹性、心理韧性，让他们的内心更加强大，整体降低我国的青少年重大心理问题发生率。这是国之大计，对于稳定家庭、稳定社会都是非常重要的。

我想，每个心理咨询机构的心理咨询师、每一个社会工作者、每一个街道的心理咨询驿站工作人员、每一个在孕校讲课的妇幼保健院或助产机构讲师等，都可以读一下本书。用一天的时间就能读完，然后再用一个月的时间去详细理解并研究其理论，之后用一个月的时间去总结心理技术和方法，最后用一个月去实践。如果你能做到，那么剩下的岁月，你就可以拥有一套四两拨千斤的心理咨询方法，你就拥有了打开心理咨询这道门的钥匙，你就能为他人解锁心理问题，给予他人生命的力量。

作为医疗工作者，我们"有时去治愈，常常去帮助，总是去安慰"。希望你和我一样，把《走出无力感：解锁生命力量的成长密码》这本书放在手边，把它作为心理咨询的工具书，将书中的内容应用到每一个家人、朋友和来访者身上，共同造福万千家庭。

解放军总医院第八医学中心妇产科主任医师，

心理学硕士，中国生命关怀协会心身健康

科学研究专委会副主任　孔燕

前言
世界很精彩，我却很无力

无力感的时代，我们到底怎么了

无力感的时代，我们最大的困扰是发现了消极的症状，却找不到真正要消灭的敌人。

马克思说"问题是时代的口号"。我们也常说，热词是时代的风向标。近些年，"神马都是浮云""佛系""内卷""躺平""工具人"等词语纷纷冲上热搜，在一定程度上反映了当下很多人身处无力、无助、无趣和无意义的症候或问题之中。

无力感的最大特征是身体的疲劳感和精神的虚无感，一般表现为：拥有"努力奋斗没法改变现实"的限制型思维；推崇"佛系"的放弃型人生态度；主动选择"平庸"和"躺平"的流放型人生状态；面对问题采取"主动回避"和"被动拖延"的消极型行为模式等。总之，人们的身体、意志、认知、关系和情绪等不同维度，都呈现出消极、虚弱、无力等多种多样的状态。

心理的无力感就像病毒一样，处在一个缺乏否定性的同质空间中，没有敌我，没有内外，没有自我与他我的两极对立。它潜藏在心灵深处，腐蚀着人的意志，让人感到疲惫不堪。越想挣扎，越想反抗，那股力量越如同人在泥沼中挣扎一般越陷越深，它四处蔓延，让我们对自己失去信心。

如何向阳生长

其实，无力感只是一种表象、一种感觉、一个阶段而已，它不是也不应该是一个人一生全部的状态。当我们意识到这一点后，就会促进内在思维和情绪的潜能觉醒，直面困境、解决问题和摆脱无力感，从而实现前所未有的改善和进步。

生命真实的状态是运动的、发展的、进化的、充满生机活力的、持续向上的，这才是一个生命体，特别是作为拥有自主意识的人的本质、正常的状态。当生命的曙光照亮世界，它本身就是一首壮丽的诗篇。那初始的啼哭，不仅是新生命的礼赞，更是开启了一生不懈拼搏的序曲。在这漫长而又短暂的人生旅程中，人生的本质就是奋斗，生而为人，向阳生长！在纷繁复杂的世界中，我们需要倾听自己内心的声音，步步向前，追寻自我实现。真实的自我，不会被世俗拿捏，也不会因功利而迷失，只会被内在自我实现的力量驱动，沿着天赋和热爱的方向，激发潜能，绽放生命的华彩。

二十多年的心理咨询生涯，让我见过太多充满无力感的来访者，他们被困在不同的心理冲突之中：有些来访者自卑胆怯，深陷在自我否定的泥淖中无法自拔；有些来访者遭受原生家庭的精神暴力，社会功能严重损失导致休学辍学；有些来访者在职场及生活中如行尸走肉，内心虚无，失去生命的意义……

结合成百上千的心理咨询案例，我以六个虚构人物作为来访者，系统梳理了六种"无力感"的典型症状、成因、重塑心智和心智成熟等历程，形成六个主题（已对咨询过程进行艺术性加工）：

自卑人生：不喜欢自己的我，鼓起了实现自我的勇气。

精神暴力：挣脱语言的枷锁，从悲剧中找寻积极意义。

空心生活：内心虚无的我，重新找到生命的意义。

阳光抑郁：表面开朗而内心痛苦的我，找回心安理得的快乐。

恋爱失能：之前曾因失恋创伤痛苦不已，现在拥有争取幸福的能力。

社恐孤岛：孑然一身的我，融入给予爱和力量的群体。

在写作过程中，我以"原野"作为六个主题的对话者，通过认知行为疗法、精神分析疗法、积极心理学理念、即兴戏剧、心理咨询技术等技术手段，结合咨询师、教练员和教育者三重角色，抽丝剥茧地分析来访者的心理症状、原因、结果，并带领他们重塑认知、自我赋能、重构关系、反思觉悟，帮助其走出心理困境，走进正常的工作生活，走向"活出心花怒放"的人生状态。他们的叙述中可能或多或少都有你的影子，如果你也正面临"无力感"所带来的痛苦，那么希望你能从他们涅槃重生的故事中，找到属于你的力量和答案，活出更好的自己！

目录
CONTENTS

第一章　自卑人生：
不喜欢自己的我，鼓起了实现自我的勇气

我是全世界最自卑的人　- 003

早期记忆：揭示一次关于自卑的心理创伤　- 009

自卑的价值，在于它给你带来"好处"　- 015

自我关怀：向前一步，呵护内心"害怕的小孩"　- 022

乔哈里视窗：挖掘自我潜能的"秘密武器"　- 034

穿越舒适区：即使恐惧，也要马上行动　- 040

自我实现：心有多大，舞台就有多大　- 045

第二章　精神暴力：
挣脱语言的枷锁，从悲剧中找寻积极意义

一个不会哭的女孩　- 052

童年哀伤，是人生不可磨灭的痛　- 053

遇到严重情绪化的父母，是人生极大的不幸　- 059

跳出"杯中风暴"，真正的世界风平浪静　- 065

格物致知：如何向一只狗学习幸福　- 071

奇迹问话，探索"悲剧"的生命意义　- 076

以终为始，改写你的人生剧本　- 083

第三章 　空心生活：
内心虚无的我，重新找到生命的意义

我压力山大，却不知为什么而活 - 089

从小被设计的生活，让我没有选择的能力 - 095

人生三样：哪些是生命中无法割舍的部分 - 102

简约生活：提升幸福感知力的不二法门 - 110

马上行动：预备——开火——瞄准，

让行动启动美好生活 - 117

高感人生：拥有"七十二变"的多彩生活 - 123

第四章 　阳光抑郁：
表面开朗而内心痛苦的我，找回心安理得的快乐

世界很美好，只是我不够好 - 129

懂事的孩子，什么事情都自己扛 - 134

九分割统筹绘画法：虚无的夸赞，真实的创伤 - 142

身心链接：唤起生命感受的觉醒力量 - 149

行为实验：你的善良，别人可能毫不在意 - 156

积极心理：运用"幸福五施"，回归愉悦心境 - 158

三件好事：将美好存放到人生相册里 - 165

第五章

恋爱失能：

之前曾因失恋创伤痛苦不已，现在拥有争取幸福的能力

情感创伤，让我永远失去再恋爱的能力　– 171

情感反刍，我是中毒后愤怒的追蛇人　– 177

消极依赖，情感世界里一半冰川一半火焰　– 186

课题分离：成熟之爱，见证双方心智成熟的过程　– 192

认知行为疗法五栏法：撕掉有毒标签，看到真实的

　自我　– 199

认知重构：提升自尊，遇见熠熠生辉的自己　– 205

爱情地图：拓展界限，让爱的星火燎原　– 216

第六章

社恐孤岛：

孑然一身的我，融入给予爱和力量的群体

人的一切烦恼，皆源于人际关系　– 225

心理探源：内心住着一个幼稚的婴儿　– 230

自我接纳：心不改变，哪里都是八角笼中　– 236

即兴戏剧：让人际社交成为生活中的表演　– 242

高效社交：举着火把向前，就会遇到同行的人　– 248

后记　– 255

参考文献　– 257

CHAPTER 1
第一章

自卑人生：

不喜欢自己的我，
鼓起了实现自我的勇气

自卑往往伴随着怠惰，往往是为了替自我在其有限目的的俗恶气氛中苟活下去做辩解。这样一种谦逊是一文不值的。

—— 黑格尔

我是全世界最自卑的人

很多年轻人看似光鲜靓丽，其实内心很自卑，"孤雁"就是这样的女孩。

寂静的夜晚，心理咨询室的灯光显得格外温暖。孤雁坐在柔软的沙发上，不自觉地搓着手，眼睛怯怯地打量着我，多数时间低着头，沉默不语。或许是因为紧张焦虑，她整个人都深陷在沙发里，这特别像她的内心，被不安全感包裹得严严实实，仿佛有一堵厚重的石墙，把她与外界的温暖和阳光隔离开。

"'孤雁'，这是你真实的名字吗？"我看着咨询登记表，轻轻地询问。

作为一名资深心理咨询师，我会通过来访者的网名、头像和签名等信息寻找咨询线索，以便更好地了解他们的兴趣偏好、情感状态、生活态度以及价值观等信息。

"不是，是我的网名。必须填写真实名字吗？"她抬起头，充满狐疑地看着我。

其实，网名、头像、签名等人格标签是人们在网络世界

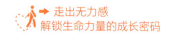

中展示个性和身份的一种方式，是人格面具碎片化和具象化的表现。

　　有些网名可以直接表达来访者的情绪状态或心理问题。例如"孤独患者""绝望之人""无望的等待"等网名，可能表明他正在经历孤独，或拥有绝望、焦虑等情绪问题；而"音乐之声""自由飞翔"等网名，带着人们鲜明的兴趣爱好和个性特点。头像是另一种视觉化的身份表达，可能反映了来访者的审美风格以及兴趣爱好。例如，头像是一张微笑的面孔或阳光下的风景，可能表明此人积极乐观，对生活充满热情；而头像是一片黑暗或一个沮丧的面孔，可能预示着人们正经历负面情绪或心理问题。此外，签名也是来访者对自己的主观描述或表达方式，也暗含着来访者的生活态度、价值观念、兴趣爱好等重要信息。例如"活在当下"、"享受每一刻"或"永不放弃"等签名，呈现出积极乐观、珍惜当下、坚韧不拔的精神和状态；而"生无可恋"、"孤独的旅人"或"无意义的存在"等签名，可能表明他们正在经历一些负面情绪或存在价值认同的问题。

　　"孤雁"的名字显然有孑然一身、离群索居的孤独感。当然，这些线索只是辅助我了解来访者的一些参考信息，不能作为判断来访者心理困扰的唯一依据。

　　"噢，不是，你选择比较舒服的称呼就好。你能说说，是什么样的困扰让你走进咨询室吗？"

"老师，我感觉自己是全世界最自卑的人！我长得非常丑，不敢在公共场合讲话，没有知心的朋友，也没有拿得出手的特长，我简直一无是处！真的，有时候我在想，自己活到二十来岁，突然间活得像个笑话，除了被别人嘲笑，没有任何存在的价值！"孤雁一股脑说完了这些话，双手捂着脸，低下头，忍不住哭泣起来。

我急忙把纸巾递过去，安慰她："别急，我们慢慢来！"

我理解她，可能平日里表现得阳光开朗，但内心却敏感自卑、自惭形秽，一根稻草的刺激或许就会压垮她的自尊，让负面情绪汹涌而来。虽然只是几句话的叙述，我却可以看到她自卑心态的冰山下隐藏着错综复杂的关系和问题（图1-1）。自卑冰山，即人们呈现出的自卑感就像冰山浮出水面的一小部分，而更大的部分如社会文化、家庭教育、自我认知、价值观等则隐藏在水面以下。

"我长得非常丑，不敢在公共场合讲话"，孤雁开头说的这句话，可能是她最在意的——她存在容貌自卑的问题。容貌自卑主要源于人们对自己外貌、身材、面部特征等条件的不满和担忧，而这种心态可能源于社会文化、家庭教育、个人成长经历、自我认知、他人评价等多种因素，特别是人们对容貌的过度关注和追求完美，可能会片面夸大容貌中的某

图1-1 自卑冰山

些特点，或者赋予容貌某些负面认知，从而影响自尊心和自信心。孤雁认为自己长得很丑，但从我的客观判断而言，她是一个比较清秀的女孩，五官匀称，眼神虽犹疑闪躲，但目光有神，眉毛浓密自然，鼻子小巧挺直，嘴巴轮廓清晰，发型自然而不张扬；上身T恤和下身牛仔裤的搭配朴素自然，不能说是时尚艳丽，但文静清秀的评价应该是适宜的。因此，孤雁认为自己丑的主观评价从何而来呢？

其次，是人际交往的问题。孤雁说自己没有知心朋友，表达出了内心的孤独感，可能她在人际交往方面存在着交往障碍、社交焦虑、沟通冲突等问题。其实对于孤雁这样的新生代独生子女，成长过程中缺乏兄弟姐妹的原生关系，而作为互联网上的原住民又缺乏现实生活中的关系体验。由此可见，人际交往确实是人生成长的重要课题。

此外，她还有自我评价糟糕化的问题。我"一无是处""没有任何存在的价值"，孤雁这些绝对和糟糕的自我认知，会让她自卑的感觉和状态更加严重。糟糕化认知是典型的非理性信念之一，是对事物看法过度悲观和过度负面的一种思维方式，往往会让情绪状态和自我价值跌入谷底。我们可以看到，孤雁夸大了负面情绪和心理状态，丝毫没有看到自己的意义和价值。

"每天我看着同学们喜气洋洋，自信满满的，其实内心特别羡慕，甚至恨自己为什么不能这样活。特别是大学课外活动挺多的，同学们中有参加唱歌的、跳舞的、演讲的、轮滑的，而我小时候在农村，这些艺术特长根本就没有学过。舍友让我一起去报名参加活动，我总是拒绝，因为我在人群里就紧张、脸红、害怕，连话都说不出来，丢死人了！

"今天下午有一场知识竞赛答辩，老师让我回答问题。所有的老师和同学们都看着我，我突然间大脑一片空白，脸憋得通红，手心出汗，一个字也说不出来，感觉所有人都盯着我，看我出丑，嘲笑我。我实在受不了了，哭着从教室里跑了出来。为什么整个学校就我是这个样子啊！我痛苦死了，真想找个地缝钻进去，永远不回来了！

"我是这个世界上最自卑、最差劲的人！"

孤雁说到这里，又呜呜地哭泣起来。

我静静地看着她，一边让她安全地、自主地宣泄着不良情绪，一边用共情的语言去安慰她："孤雁，听了你的述说，我能感受到这段大学生活你过得很辛苦。我非常理解你的处境，如果换成我，也会像你这样难受的。"

其实，每个人都或多或少存在着自卑感。正如个体心理学创始人阿尔弗雷德·阿德勒所说，"如果一个问题出现，某个人无法适应或无法应对，并坚信自己无法解决，这种表现就是自卑情结"。而自卑情结便是具有绝对化、病态化和伤害性的自卑感。孤雁因为这种具有伤害性和破坏力的自卑感，几乎无法面对正常的学业和社交，这种强烈而痛苦的状况显然已经超出常理，确实需要专业的心理咨询师帮助她摆脱困扰，回归到正常的生活和学习秩序中。

然而"冰冻三尺，非一日之寒"。孤雁这样严重的自卑心理问题，可能存在原生家庭的问题、成长经历的创伤、非理性的自我认知等多元因素，而这些隐形的因素可能才是其自卑心态、无力无助的真正原因。正如德国战略学家阿诺尔特·魏斯曼所说，"一个问题的解决，总是依赖于与问题相邻的更高一级的问题的解决"。

接下来，作为资深心理咨询师的我，将与孤雁进行深入对话，抽丝剥茧式地分析现状、探索溯源、修正认知、共创方法、解决问题，踏上一条协助她成长、促使其心智成熟的心理咨询之旅。

早期记忆：揭示一次关于自卑的心理创伤

孤雁：每当我出现在人群面前的时候，总有种自卑感。看着别人在表演、演讲、运动时，我非常羡慕，同时又有自惭形秽的感觉。我觉得自己长得丑，并且一无是处。特别是有些时候我被要求当众讲话时，自己突然间成为焦点，那种强烈的紧张感、自卑感一下子冲上来，心跳得非常快，然后手脚发抖，脸一下子通红，整个人像僵住了一样，那种状态和感觉特别的尴尬和痛苦。

原野：我非常理解你有这样的感受，这种场合确实会给你带来不舒服的感觉。那这种自卑、痛苦的感觉在生活里是经常有呢，还是仅仅在一些特殊的场景中才会出现呢？

其实在这里，我正在运用焦点技术里的"例外原则"。例外原则是指鼓励来访者从自己的生活经验中寻找例外情况，也就是心理问题不发生或者影响不明显的时候。我们通过寻找和探索个体生活中的例外经验，找到心理问题发生的主客观条件和原因，并挖掘来访者潜在的能力和资源，增强他们的自信心和希望感，更有效地帮助其找到具有针对性的解决方法。对于孤雁而言，我想了解她生活中的哪些时候这种紧张感和自卑感会非常强烈，哪些时候没有这种负面感觉或者非常轻，不会严重影响她的正常生活。通过两者对比，我就能找到她心理困境的形成原因和未来改善的可用资源。

孤雁：我平日里还好，虽然一直有种惴惴不安的感受，但还能正常地学习和生活。然而，当我在别人面前，特别是被别人注视、成为焦点的时候，这种强烈的自卑感就会特别严重，说话断断续续，张嘴却说不出话来，脸憋得通红，感觉自己丑态百出，丢死人了。对，当众讲话时，这种问题会更加突出和强烈。

原野：其实很多人在人群中做演讲、展现自我时，都需要莫大的勇气。当然，可能对你来说，这种挑战变得更加艰巨和困难。我们知道，任何事物的发展都有一个渐进的过程。请你回忆一下从小到大的生活和成长经历。这种强烈的自卑感是什么时候开始的呢？是小时候就有呢？还是某个阶段出现了并且显得比较严重呢？

孤雁：这种状态有好长时间了，但一定不是从小就有的。小的时候，我特别活泼快乐，爱蹦爱跳，经常在家人面前或者亲戚聚会的时候演《哪吒闹海》。那个时候，妈妈说我总是又唱又跳，是她的开心果。不知道从什么时候开始，我特别在意别人的眼光，害怕在人们面前展示自己，特别想变成一个隐形人，不愿意让大家看到我。我想想啊……好像是初中阶段开始的，那时我突然失去了天真，失去了勇气，再也不敢像之前那样张扬，反而变得自卑，这种感觉渐渐变得越来越严重了。

原野：在成长的过程中，人们会经历各种各样的变化。特别是在初中阶段，人们进入了青春期，会在生理上、心理上和情感上产生一系列巨大的变化。有时候会像你说的情况一样，感觉自己变得面目全非。你能谈一谈，当这种强烈的自卑感来临的时候，你会有一种什么样的心理和情感变化吗？仔细想一想，先有什么样的感觉？之后又会有什么样的感觉？请详细谈一谈。

其实，当我们澄清和梳理这种抽象、笼统的感觉时，更容易找到触发自卑和紧张情绪的具体条件和事件。什么是触发点？哪些因素最先被触发？哪些因素之后被触发？就像我们往平静的湖面投石子，激起水面的涟漪一样，涟漪越扩越大、越扩越远。但什么因素是那颗石子？哪些状况是被激起的第一个涟漪？哪些是之后被激起的涟漪？找到这个负面情绪链条的首发因素和发展过程非常重要。

孤雁：我从来没有详细地分析过这种感受。当我站在人群里，别人都在看我的时候，我的内心好像会先有这样的声音，"这个女孩长得真丑啊"。对，就是这样的声音，之后我的心里就开始紧张、发慌，脸开始发红，然后大脑一片空白，非常紧张，也非常痛苦，特别想有一个地缝钻进去，逃离现场。嗯，确实是这样。"你好丑，还站在人前头！"这个声音或许就是所有负面想法的起点！

原野：我不知道你从什么时候开始有"我长得很丑"这样的关于相貌的看法，但我从一个较为客观的维度评价，你还是挺漂亮的，你的五官非常的周正，皮肤白皙，你的眼睛非常明亮，身材也很好。在我眼里，你很难和丑联系到一起。**心理学有个概念，叫作非理性信念，是指在我们成长过程中形成的那些不合理的、夸张的、绝对化的、完美主义的、缺乏清楚思考的、容易引起负面情绪及造成困扰的荒谬想法。**你有没有想过，"我长得很丑"这个看法可能是一个非理性信念呢？另外，丑是一个非常抽象、非常笼统的评价，你能谈一谈具体身体上或面容上哪些部分你特别在意或不满意吗？

孤雁：我好像对脸更在意一些。从初中开始，我就有自己比较丑的意识，变得特别的沉默，不愿意说话，更不愿意去展现自己。具体哪里丑？可能是我的嘴唇不太好看吧，我觉我的嘴唇特别厚，显得特别蠢笨！

我想起来了，小时候，妈妈和爸爸经常跟我开玩笑，"哎呀，咱们闺女的嘴唇真厚啊！厚得像老太太的棉裤腰"。其实小的时候，我感觉这是个玩笑，但后来慢慢地我意识到，自己的嘴唇真厚，好难看呀！其他女孩买唇膏、口红，但我从来都没有买过。如果打上唇膏或者抹上口红，我的嘴唇就会更显眼，就更容易让别人注意到我的嘴唇又大又厚又笨，丢死人了。

原野：我们发现，每个人的审美都是不同的。其实对于嘴唇而言，有的人厚一点，有的人薄一点，这体现的审美标准也有所不同。你觉得厚嘴唇很丑、很笨，但我喜欢的几位女影星，她们的嘴唇都是又大又厚，包括朱莉娅·罗伯茨、安妮·海瑟薇、钟楚红、舒淇，她们可都是影视界的大美女啊。在很多人的眼里，厚嘴唇意味着性感迷人，成熟有魅力啊。

孤雁：是啊，这几个影星我也特别喜欢，特别是安妮·海瑟薇和舒淇，我是她们的铁杆粉丝。您不提醒我还没有注意，她们的嘴巴确实比较大，嘴唇也比较厚，但我从来都没有介意过。而到了自己这里，怎么就这么在意、这么痛苦呢？

原野：其实嘴唇薄厚都不是问题，关键是我们如何去看待它，这更重要。通过对你成长经历的追溯，我发现，你小的时候爸妈无意识说的玩笑给你埋下嘴唇丑陋的心锚，当你长大了，开始有自我意识的时候，"嘴唇厚、笨"的心锚开启，你会以为别人也像你爸妈一样评价你的嘴唇，于是自卑感就被无限地放大，你感觉糟糕至极，最终被压垮了。

其实，当你站在人群面前，被要求演讲或展示，成为焦点并面对社交压力的时候，"舞台追光灯效应"开始显现（图1-2）。舞台追光灯效应，就是你感觉自己处在舞台的中央，被聚光灯照射，自己的容貌和一举一动都会被周围的人时刻注视，周围的人会给出和你内心一样的评价，认为你的嘴唇厚、你丑、你蠢笨，而实际上周围的人并没有像你认为的那样关注你。

图1-2 舞台追光灯效应

自卑的价值，在于它给你带来"好处"

孤雁：啊，我现在明白了，这一切可能真的是容貌自卑造成的。但是，我已经形成了这种固有的模式，感觉自己真的没有办法改变！

原野：通过刚才的分析和探讨，我们发现曾经深埋在你内心潜意识里的对相貌的负面评价是造成自卑感的引线，它引爆了其他的负面认知和情绪，让事情变得越来越糟糕。而且，正如你所说，从小到大长时间的强化让你形成了固有的反应模式。心理学家巴甫洛夫提出了条件反射理论，即在一定条件下，外界刺激与有机体的情绪和行为反应之间建立起暂时的神经联系，这种联系通过反复的条件刺激而不断强化。后续一旦出现相应的条件刺激，有机体就会产生相应的情绪和行为反应。就像你，一旦出现在公众面前，自卑、紧张、恐惧的情绪马上就冒出来，这就是条件反射。

孤雁：确实是这样的。平时我感觉自己还挺优秀的，可一让我讲话，人们都盯着我的时候，我的内心就立刻涌出各种负面的想法，身体也颤抖起来，一下子就把自己搞崩溃了。我仿佛陷入魔咒里，根本没有力量，也没有办法去摆脱。另外，一旦情绪崩溃，我就会变得一点理性也没有，整个人如同疯掉了。我怎样才能打破这样的魔咒呢？

原野：我们一起来梳理下条件反射的过程，看看在哪些环节可以打破这样的魔咒，并建立起新的积极、正向的条件反射。正如你所说，一旦站在公众面前讲话或成为焦点时，你内心中的负面意识就会冒出来，条件反射地产生负面情绪，接着又引发脸红、冒汗、发抖、心悸等生理反应，而这些生理反应又加剧了负面情绪，循环往复，越来越严重，直至情绪崩溃。

在条件反射负面体验的循环里（图1-3），越来越多的负面评价、越来越严重的生理反应相互叠加、相互影响、循环加剧，直至你崩溃逃离现场。你看，在这个循环的各个环节里，有哪个环节是最容易终止、最容易打破的呢？那可能就是我们要努力改善的重要方面。

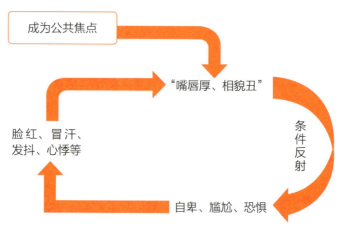

图1-3　条件反射负面体验循环

孤雁：这个循环图确实能比较准确地描述我内心的想法和情绪的变化。当站在大家面前时，如果我起初没有"相貌丑陋、我不行"等这样的负面想法，可能这个循环就能打破。但怎么样才能让自己不去产生这些负面想法呢？其实不是我主动去想，而是它们自己冒出来的。

原野：你说得非常好，在这个负面情绪的循环里，抑制自卑恐惧的负面想法确实是最有效、最容易打破循环的。一方面，我们可以将问题扼杀在摇篮里，让恶性循环没有开始就结束了；另一方面，一旦让这个循环启动起来，它会带来情绪和生理上的反应，巨大的惯性会增加处理的难度，消耗更大的精力。

有一种心理咨询技术叫作正念疗法，源于一些修行人的正念禅修，旨在帮助人们提高自我觉察能力，从而更好地理解自己的认知、情绪和思维，避免受负面情绪的干扰，并培养积极的情绪体验。其实，你在准备公开演讲的时候，意识就没有处于正念之中，也就是没有活在当下，你的思绪都沉浸在"我的嘴唇厚、我的相貌丑、我什么都不行"这些负面状态当中了，离开了准备进行演讲和公开展示的正念状态。

孤雁：太对了！我根本就不在状态，人跟丢了魂儿似的，拿着稿子都念不下来，一个头两个大，心思根本就不在演讲上。

原野：古代智慧中有一个经典的问题是"主人翁何在？"此刻掌管你的大脑的这个人到底是谁？你是否能清晰地感知自己此刻在做些什么？你会发现，此时此刻掌控你的是情绪，尤其是自卑的情绪、紧张的情绪和恐惧的情绪，而不是真实而理性的自己。这时候，你可以运用正念疗法里关于痛点觉知的小技术，将思绪从无边无际的情绪旋涡中迅速拉回来。当你正准备在人群面前做即兴演讲，当你感觉那些自卑和恐惧的想法正在出现的时候，马上狠狠地捏一下你左手的小拇指，这种突然的疼痛感会让你瞬间回到正念，把状态重新调整到即兴演讲的任务上来。这种身体刺激的痛点觉知技巧（图1-4），与"当头棒喝"的理念有异曲同工之妙。

之后，你可以在工作和生活中运用这一方法，打破原有的负面循环，重新调整思绪，活在当下。**自卑情绪的困扰并不是最重要的，重要的是你能正念觉知。**

孤雁：我觉得这是个不错的方法，痛点觉知的技巧会让我迅速从自卑的旋涡中摆脱出来。但是怎么能让这些烦人的负面想法、情绪永远离开我呢？它们会自己冒出来，像海浪一样一层一层的，没完没了。

原野：确实，"当头棒喝"可以救急止血，但康复疗伤却需要比较长的时间。让我们从另外一个维度思考，你之所以这么长时间都存在自卑情结的心理问题，或许是因为它给你

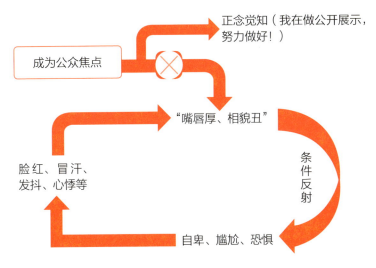

图1-4　正念觉知打破条件反射负面体验循环

带来了某些"好处"。当然，这些"好处"不能真正促进你心智成熟，但可以避免让你面对痛苦、焦虑和纠结。毕竟人性的行为原则是"追逐快乐、逃避痛苦"，你感觉这种容貌自卑的问题会给你带来什么"好处"呢？

孤雁：好处？这简直是天方夜谭。我从初中开始意识到嘴唇的问题，此后容貌自卑的感觉就一直困扰着我。在人群面前，我总是自惭形秽，有些时候我又会特别孤单、懊悔和无助，痛恨自己的无能。因为这样的心理问题，我失去了很多很多的快乐和机会。我记得大一那年，辅导员鼓励我参加校园歌手比赛，其实我的嗓子还是很好的。有老师的鼓励和陪伴，那次我真的登上了舞台，但那时自卑的感觉和负面的声音又来了，我紧张得连话筒都没开，傻傻地唱了三分钟没有声音的歌。从此以后我再也不敢登上舞台，再也不敢在人群面前展示自己。之后，辅导员还给我推荐了几个我心仪的单位，但因为需要面试，我也都放弃了。容貌焦虑问题让我伤痕累累，痛苦不堪，为什您会说它能给我带来好处呢？

原野：你先别激动，你的经历和感受我非常理解。因为容貌焦虑，你没有办法像其他人一样当众演讲、面试，去彰显自己的实力和魅力，也让你失去了很多工作和成长的机会。但是，你知道吗？心理学领域的阿德勒学派会从另外一个维度去认识这个问题。人们通常认为，因为我有自卑、紧张和恐惧情绪，所以造成脸红心跳、手脚发抖的生理反应，最后让我没有办法当众演说和展示。但阿德勒学派的观点恰恰相反，认为正因为某人不敢去面对大众做展示，不敢面对自己的问题，害怕面对人群带来的压力和痛苦，所以他才形成了自卑、恐惧的情绪，并造就了脸红心跳的生理反应（图1-5）。对于这种全新的认知逻辑，你怎么看？

孤雁：我觉得这样的观点真是颇有颠覆性。面对人们的目光，我确实会非常自卑和紧张，而且心跳加速，手脚出汗，心慌头晕，难道这些强烈的情绪变化和生理反应是我装出来的吗？

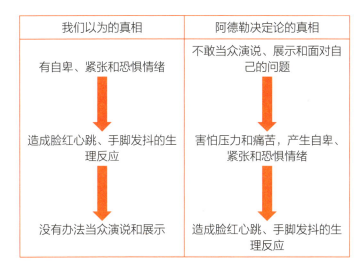

图1-5 阿德勒决定论与常规认知的对照示意

原野：我刚看到这个理论的时候，也被它这种全新的认知解读震撼到了。阿德勒学派是基于目的论的角度来解释问题的，他们认为没有坏情绪，只有难以实现的目的。**因为我们的内心不敢面对困境，不愿意忍受痛苦，所以就用负面情绪和糟糕的生理反应来掩饰和逃避问题，甚至这种掩饰和逃避的行为是潜意识做出的，我们自己都没有意识到。**

从你的角度来讲，阿德勒学派认为，你内心首先确定了不愿意做公开展示的目的，之后才产生了自卑恐惧的情绪和一系列紧张、有压力的生理反应。一方面，可能是当你有这样的状态，爸妈会给予你更多的关注和呵护，同学们、朋友们也会给你更多的关照，让你生活在一个相对没有困难、没有挑战、没有痛苦的爱的温室里；另一方面，因为自卑恐惧，你不去尝试，所以可以沉浸在自己依然优秀的幻象里，保持着一份好的自我评价。而如果你一旦面临挑战，当众演讲或积极竞争时，可能真的能力不行，甚至连及格线都达不到，头脑中那种相对完美和优秀的评价将会土崩瓦解。这样的后果，你的内心可能没有勇气去面对和承担。而因为自卑和恐惧，你会给自己找一个冠冕堂皇的借口。

孤雁：您这么说，我好像明白一些了。因为自卑、恐惧的原因，我避免了很多公开展示的机会，确实也减少了尴尬和痛苦。如果说这是自卑感带来的"好处"，那我确实在享受这样的"好处"，维持着自己内心里感觉自己挺优秀的假象。

原野：正如个体心理学派的创始人阿尔弗雷德·阿德勒所说，"决定我们自己的不是经验本身，而是我们赋予经验的意义"。你的人生不是由别人赋予的，而是你主动选择想过什么样的生活。因此，自卑不是达成你幸福成长的因素，勇气才是。

自我关怀：向前一步，呵护内心"害怕的小孩"

孤雁：我知道改变需要莫大的勇气。每当我被要求做公开展示的时候，我也想鼓起勇气去尝试，去突破自己，但是内心总是会有一些声音出现。内心的纠结、犹豫慢慢地消耗了我的勇气，我再也没有胆量走到台前。这是为什么呢？我应该怎么办啊？

原野："内在小孩"是心理学中的一个重要概念，它代表着一个人内心深处的部分，这部分承载着童年时期未被满足的情感需求和经历创伤后的情绪，就好像内心住着一个小时候的自己。从心理动力学角度看，童年的不幸经历如被父母忽视、虐待或者过度保护等，会让"内在小孩"受伤，而这些创伤可能会以情绪问题、不良的行为模式或扭曲的认知等方式在成年后显现。其实，"内在小孩"是普遍存在的心理现象，一方面代表着一个人内心的童真、童趣和纯真；另一方面也代表着一个人在成长过程中经历被指责、被伤害、缺乏关爱等各种创伤以后，被压抑在潜意识里的情感状态。当然对你而言，十多年自卑、焦虑或者恐惧的情感创伤让你的"内在小孩"变得敏感、自卑、柔弱和退缩。当你面对社交压力的时候，它会从内心冒出来，用攻击、指责、贬损、嘲讽，甚至反抗的方式提醒你，别再受伤，别再痛苦，别再承受苦难和压力。

孤雁：确实是，这种内心的声音给了我特别多消极的评价和指责，而且有的时候，"内在小孩"的声音和语气特别像我爸妈，说我丑，说我干什么都不行。慢慢地，选择逃避、放弃就成了我的一种习惯，情绪消极、状态低沉，也让生活变得一团糟。

原野：其实"内在小孩"是我们的一部分，是成长过程里我们人格中被伤害、不安全感、相对敏感脆弱的那个部分。当它被爱、被宽容、被理解以后，消极的状态就会转化成积极的状态，嘲讽、指责、恐惧的声音就会变成支持、鼓励和勇敢的声音。

因此，学会自我关怀是走出内心自卑恐惧、呵护"内在小孩"的心灵疗愈方法。正如美国著名心理学家克里斯汀·内夫所说："善待自己，也就是要以有爱的方式理解我们自己，而不是对自己进行严厉的批评和指责。"你所经历过的这些自卑痛苦、紧张恐惧的苦难，都不是你的错，你也是受害者。爱自己、理解自己、包容自己、善待自己，给自己更多的光明、更多的温暖、更多的慈爱，而不是严苛地批评、指责和嘲讽自己。

孤雁：确实，我好像从来没有真正爱过自己。每当经历挫折时，我就会指责自己、痛骂自己、用指甲掐自己，甚至懊恼地用头撞墙。现在想想，我对自己下手真狠。那我未来是不是应该学着爱自己呢？

原野：是的。**所谓勇气，无非是对自己理解、宽容和爱的力量的迸发。**当感受到心理痛苦的时候，我们可以用自我拥抱技术来抚慰内心深处伤痕累累的"内在小孩"。当你感觉糟糕的时候，让双手交叉抱在肩上，头轻轻地偎依在肩膀上，静下心来（图1-6）。给自己这样一个温柔的拥抱，慢慢地体会这个拥抱的温暖，就像自己依偎在妈妈的怀里一样。心理学讲身心一体，从生理维度来讲，这样的体位姿势，会促进身体释放出催产素，平复情绪，提供安全的感觉。因此，我们可以用自我拥抱技术来传递爱、温柔和关怀，让"内在小孩"感到抚慰和滋养。

图1-6　自我关怀拥抱技术

孤雁：这是一个看起来就很温暖的方法，回去我一定好好试试。其实，我觉得有的时候自己确实也挺苦的，我的"内在小孩"可能已经被折磨得遍体鳞伤了。

原野：是的，理解自己、宽容自己非常重要。此外，自我关怀还要从社会关系中吸取力量，你需要认识、理解、感受自己和他人之间那种生命体验的链接，而不是把自己隔离和封闭在一个空间里，独自承受自卑、孤单和恐惧的感受。因此，当我们恐惧、伤心和痛苦的时候，可以选择给一位你最崇敬的人写一封自我关怀信。这个人可以是现实生活中的，也可以是想象中的；可以是健在的，也可以是逝去的。这都没有关系，关键是用书信的方式建立情感链接。

我曾经也有一段非常痛苦的经历。当年在单位晋升失败后，我感觉非常痛苦，感慨命运的不公，感觉自己的人生被其他人左右，巨大的挫败感让我长时间处于自卑且无力的状态中。我就尝试写了一份自我关怀信，以《平凡的世界》的作者路遥老师为倾诉对象，想象着收到他的回信，再回复一份感谢信，尽管这一切都是虚构的，却可以真实地抚慰受伤的心。

原野：

你好！感谢你喜欢我的书！

从你的来信中，我知道你现在经历着人生的一些困难，我非常理解你的心情和处境。但你知道吗？人生不仅是一场名利声望的结果，更是一段脚踏实地的旅程。每天都过得有意义，每天都过得真实且问心无愧，这才是最重要的。想一想，如果我们离开这个世界的时候，人们不会因为你的名望和权势而伤心，但一些人却会默默流下泪水，因为你真诚、友善地爱过他们，仅此而已！

祝早日拨云见日，祝你一切幸福！

路遥

2022 年 5 月 8 日

路遥老师：

您好！

您是我最崇敬的作家，感谢您在百忙之中给我回信。您的话让我深刻地感受到自己的执着和世俗，自己的愚蠢与狭隘。在未来的时间里，我会脚踏实地、真诚而热烈地过好每一天！谢谢您！

祝您身体健康，万事如意！

原野

2022 年 5 月 8 日

这是一场跨越时空的交流，你能感受到自我关怀信给予我的力量和疗愈吗？

孤雁：感受到了。我感受到了自我关怀的力量，我觉得这样可以倾诉自己的心声。**有时候感到痛苦，就是因为缺乏一个倾听者，心中的苦闷没办法向外人说。**但有时候又觉得对自己好总有些自私自利，因为有父母和兄妹，总感觉应该多对家庭付出一些，哪怕委屈自己一点也没有关系。

原野：你的这种认识是比较传统的，也证明了你内心很善良。分享和付出是中华民族传统美德，而这与自我关怀并不冲突。**自我关怀是美国心理学家克里斯汀·内夫提出的心理学理论，是指一个人认识到自己正在经历的某种令人痛苦的体验，同时去感知这种体验所带来的感受，并且在这个过程中用足够的爱与善意来照料自己的能力。**

其实，自我关怀是每个人都需要的能力，它能消化负面情绪，改变负性思维，也能从外界获得能量和爱的补充，滋养内在的生命活力。

孤雁：确实如您所说，我们都应该更多地关爱自己，活在当下，用真正的感觉去反映真实的体验。

原野：自我关怀，让我们真实、和善地对待自己的困扰。**当自卑和恐惧的感觉涌上心头的时候，我们不去回避它，也不去放大它，而是静谧地体会它，甚至可以用一种自嘲和幽默的方式看待它。**对你而言，嘴唇略厚，曾被认为丑陋或者缺陷，但今天在某些场合上再谈起它，你可以说，"奥斯卡影后罗伯茨就是大嘴、厚嘴唇，可是她多性感，多漂亮啊！"用幽默的心态处理问题，同时也渐渐地接纳曾经的心理卡点，自卑与恐惧就会像冰雪消融一样，渐渐地缓解和消退。

孤雁：这种自嘲的办法还挺有趣的！学校有个男教授，经常拿自己的秃头顶开玩笑。他说话风趣幽默，大家都很喜欢他！

原野：是的，同时我们还可以运用一些心理对照体验，学习如何与自卑恐惧的情绪相处。负面情绪不是恶魔，它是我们生理机能的一种反应，其动机是更好地保护我们免受苦难、威胁和伤害。**我们不能一味地讨厌它、拒绝它、恐惧它，而要学会真实地体验它，平静地面对它，坦然地和它相处。** 例如，我们从冰箱里取出一小块冰，把它放在手心里。如果我们的心态是生气、阻抗、嫌弃和抗拒，发现它让我们的手变得冰凉、不舒服，甚至有些疼，那么我们会迅速地把它扔掉。但如果我们带着一种有趣、好奇的心态去玩冰，就会感觉它在手里凉丝丝的，有些刺激。当你慢慢地让小冰块在手心里转动起来，你就会发现之前的那种冰冻、疼痛的不舒服感慢慢地消退了，一种天真无邪的童趣油然而生。

因此，当你需要面对公众做展示时，也可以用同样的心态和感觉去处理自卑恐惧的情绪，犹如你慢慢体验手中的冰块一样，它会给你带来些许刺激、趣味和勇气，让你平复情绪，把任务顺利地进行下去。

与其自卑恐惧，不如自我关怀。 我送你这首著名家庭治疗专家维珍尼亚·萨提亚的诗，请你感受爱自己的伟大意义。

如果你爱我

请你爱我之前先爱你自己

爱我的同时也爱着你自己

你若不爱你自己

你便无法来爱我

这是爱的法则

因为

你不可能给出

你没有的东西

你的爱

只能经由你而流向我

若你是干涸的

我便不能被你滋养

若因滋养我而干涸你

本质上无法成立

因为

剥削你并不能让我得到滋养

把你碗里的饭倒进我的碗里

看着你拿着空碗去乞讨

并不能让我受到滋养

牺牲你自己来满足我的需要
那并不能让我幸福快乐
那就像
你给我戴上王冠
却将它嵌进我的肉里
使我的灵魂疼痛

宣称自我牺牲是伟大的
那是一个古老的谎言
你贬低自己
并不能使我高贵
我只能从你那里学到"我不值得"

自我牺牲里没有滋养
有的是期待、压力和负担
若我没有符合你的期望
我从你那里拿来的
便不再是营养
而是毒药

它制造了内疚、怨恨，甚至仇恨

我愿你的爱像阳光
我感受到温暖、自在、丰盛、喜悦
我在你的爱里滋养、成长
我从你那里学会无条件地给予

因为你让我知晓我的富足
与那爱的源头连接，永不枯竭
永远照耀

请爱你自己吧
在爱他人之前先爱自己
爱自己不是自私
牺牲自己并不是爱的表达方式
爱的源头就在那里

然而，除非你让自己成为管道
爱不能经由你而流向我
你若连接
爱会滋养你我双方

你若断开连接

爱便不能经由你而流向我

你的爱便不是真爱

而是自我牺牲

然而，那不是我想要的

爱自己，是生命的法则

除非爱自己

你不可能滋养到别人

我愿意看到充满爱和滋养的你

而不是自我牺牲的你

因为，我也爱你

我爱你

必先爱我自己

否则，我无法爱你

而你，亦当如此

生命的本质是生生不息的流动

生命如此

爱如此

请借此机会好好爱自己

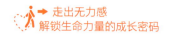
乔哈里视窗：挖掘自我潜能的"秘密武器"

孤雁：爱自己非常重要，当我从关爱自己的立场来思考和处理问题的时候，很多压力和痛苦确实能减少。但这么多年的自我否定和负面经历，让我很容易恢复原状，又重新陷入自卑和恐惧的状态中。有什么办法可以一劳永逸地解决问题吗？

原野：俗话说，冰冻三尺，非一日之寒。之前介绍的技术和方法，更多地体现在"术"的层面，也就是如何在具体的一次公开展示的前期和过程中，平静地看待心理问题，缓解情绪、调适压力。但是，**最根本的问题、底层逻辑在于，你是如何认识自己的，也就是你的内心如何真实地了解自己，真正地确认自己的优势、不足、能力和潜力**。只有这样，你才能够摆脱他人的指指点点，从心底里屏蔽别人对你容貌、能力、行为等冷嘲热讽的评价，用自信和勇气从源头上摆脱自卑、恐惧的心理困扰。

孤雁：确实是这样的。有时候我感觉自己很有信心、很优秀，但遇到点挫折后，又感觉自己很无能，负面情绪像浮萍一样忽起忽落。可能正如您所说，因为没有真正、全面、真实地了解自己，总是人云亦云，所以自我评价忽上忽下，情绪起起落落。那么，我怎样才能全面系统地认识自己，从内心建立起准确客观的评价标准呢？

原野：我们来一起学习一种用于自我认知和促进社会交往的心理沟通模型——乔哈里视窗。乔哈里视窗是由美国心理学家乔瑟夫·路伊斯·乔哈里和哈里·英格汉姆于1955年共同提出的自我认知思维模型，又被称为"自我意识的发现—反馈模型"（图1-7）。

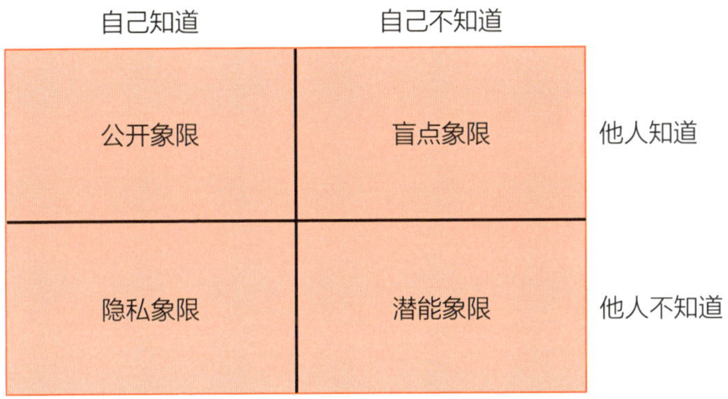

自己知道	自己不知道	
公开象限	盲点象限	他人知道
隐私象限	潜能象限	他人不知道

图1-7　乔哈里视窗

它将自我认知和人际沟通比作一扇窗户，通过两个维度，即"自己知道—自己不知道"和"他人知道—他人不知道"，将自我认知和沟通关系分为四个区域：公开象限、隐私象限、盲点象限和潜能象限。乔哈里视窗可以帮助你更好地了解自己，发现优点和长处，进而增强自尊心和自信心。同时，它也可以帮助你更好地了解他人，建立更好的人际沟通关系，有助于你摆脱负面情绪，提高自我认知和解决问题的能力。

孤雁：这个模型非常有意思，那我怎么样具体、有效地利用它去清晰和客观地认识自己呢？

原野：首先我们看左上角——公开的自我。这个区域代表自我认知层面，即你知道的自己，别人也知道的你，也就是你努力呈现在别人面前的状态，而别人也接收到你要传递的信息，并形成对你的认识和评价。当然，两者在理论上应该是吻合的，但有时因为情感创伤、认知差异、信息偏差等因素，造成我们夸大、缩小或疏离了自我认知，所以自我评价和大众评价大相径庭，给我们与社会链接造成了一定的障碍。

因此，我们可以用重塑积极特质表格（表1-1），让自己更加了解自己的优势特长、能力成就、兴趣爱好等，全面、客观地呈现自己公开在社会层面中的人格状态，有助于我们产生良好的自我感觉，避免与外界他人的隔离和疏远，从而更清晰地审视和接纳公开状态下的自己。

表1-1　重塑积极特质表

	特质内容	具体依据（事实）
A. 请列出你优于其他人的5个积极特质	1.	
	2.	
	3.	
	4.	
	5.	

续表

	特质内容	具体依据（事实）
B. 请列出你表现平平的 5 个积极特质	1.	
	2.	
	3.	
	4.	
	5.	
	特质内容	**具体依据（事实）**
C. 请列出你不如其他人的 5 个积极特质	1.	
	2.	
	3.	
	4.	
	5.	

孤雁：我就是那种别人眼里的我和自己感受的我相差比较大的人。在很多人眼里，我挺内秀的，尤其文笔特别好；而我自己认为这很正常。朋友们都说，我是身在福中不知福。重塑积极特质表格可以帮助我真正地正视自己的优势，而不是仅仅盯着自己的不足。

原野：是的。**珍惜自己拥有的，并勇敢地追求自己想要的，这才是人生正道。**视窗的左下部分是隐私象限。其实隐私象限一般包括两类情况，一类是我们的私人信息，例如收入、婚姻、宗教信仰等内容；另一类是我们潜在的欲望、弱点和短处等，这些因素影响着心理安全感，阻碍着正常的社会交往。因此，从自我成长的角度，实现隐藏自我的第二方面信息的创造性转化和创新式发展就显得非常关键。《孙子兵法》有云："以迂为直，以患为利。"意思是说，让曲折变得笔直，让祸患变成有利。而将成长的创伤和障碍通过幽默自嘲的方式转化成公开的信息，将那些让我们胆怯、回避、退缩的事情用从容的方式表达出来，把曾经"自惭形秽""设法遮掩"的事情转化成证明自己优秀、经历风雨的成长轶事，这不仅消解了自卑恐惧的自我认知，而且转化成了公开的关于我的信息，提高了影响力，改善了人际沟通关系。

孤雁：我曾经看过一句尼采的名言，"**凡是不能杀死你的，最终都会让你更强大**"。如果我能克服自卑感带来的问题，意志也会变得更顽强吧！

原野：那是一定的！不经历风雨，怎么见彩虹？视窗的右上部分是盲点象限，也就是自己不清楚，但别人眼里看得非常清楚的自己。这个维度的人格可能有两个方面，一个是自己没有察觉的，但在别人看起来非常厉害的优势和特长。这时候我们需要反思，想想是不是自己低估了某些能力和价值。我们可以真诚地向周边的领导、老师、同事朋友们请教，"您觉得我有什么优势和特长呢？您认为我曾经做过什么事情令您认可的呢？"对着盲点进行自我挖掘，可以帮助你发现自己的天赋，增强自信心和自豪感。另外，你可以发现在人际交往过程中做得不正确和不妥当的事情，自己没有觉察到但需要改善的地方。通过这样的觉察和反思，你就能提升自己，并促进人际关系和谐。

最后，我们来看潜能象限，也就是我们自己不知道，别人也很难知晓的自己。对于每个人来说，潜能的自我都是无限的，它是我们人格特质中最大的一块待开发的领域，蕴含着我们潜在的需求、情感反应及未被开发的能力价值。你可以尝试用"潜能开发三句法"来不断拓展这片领域。当遇到未知的事物，首先问自己："这个事情我不太了解，它可能是我的潜能区域吧！"第一句话定位潜能，确定拓展区域。第二句："我很好奇，我要试试啊！"以此来调动情绪，开启行动。第三句："这个体验和感觉一定不错，我很厉害！"用语言暗示自己注重体验，自我赋能。

通过这样的方式，不断拓展生命的足迹，提升潜在能力，呈现天赋。在不断挖掘自我潜能的基础上，你将变成处处给人惊喜、时时让人惊奇的"宝藏女孩"。

孤雁：太好了！我很期待用乔哈里视窗工具重新认识自己，没准能看到一个不同寻常、更加优秀的自己呢！

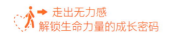
穿越舒适区：即使恐惧，也要马上行动

孤雁：当我全面、客观地看待自己以后，确实感受到了内心的力量，行动的勇气，并下定决心改变自己。不过，每次行动之前，我还是有隐隐的自卑感，有些担心。我发现打破曾经的行为模式，突破自己的思维惯性，真的不是一件容易的事情。

原野：**穿越舒适区，是一个需要勇气、能力和智慧的事情！犹如一个鸡蛋，从外部打破是碎裂和毁灭，从内部打破才是新生和成长。**当你意识到必须突破舒适圈，拓展成长空间的时候，需要铭记一句话："即使恐惧，也要马上行动！"**因为全力以赴、变革求新的行动是消除内心恐惧最好的良方。**当你全身心投入其中，就不会注意到他人的评价和环境的影响。

孤雁：我体会过通过行动克服自卑和恐惧的感觉。曾经，老师让我们做一个行为实验，在大街上给陌生人发礼物，并记录他们的行为反应。刚开始接到任务时，我的内心焦虑不安，怕被别人当成骗子或者被陌生人拒绝。我时时想，天天想，头都想大了，心力交瘁，疲惫不堪。但任务截止时间快到了，我下定决心去做，却收获了意外的惊喜。很多陌生人都愉快地接受了礼物，并真诚地感谢我。虽然也有被拒绝的情况，但丝毫没有对我产生负面影响，反而让行为实验的变量更丰富，行为反应更多元，实验结果也更客观。

原野：所以说，"纸上得来终觉浅，绝知此事要躬行"。在这里，我们可以通过突破心理舒适圈的模型（图1-8），让自己更好地做好准备、调适情绪、设计规划、启动行为、反思迭代，努力成为更好的自己。

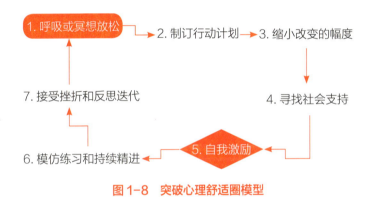

图1-8　突破心理舒适圈模型

第一步是呼吸或冥想放松。你可以通过深呼吸（又叫腹式呼吸）来放慢呼吸的节奏，缓解压力，放松情绪。一般的技巧和要点是：呼吸要深长而缓慢；用鼻吸气，用口呼气；呼吸之间控制在15秒左右，即深吸气（鼓起腹部）3~5秒，屏息1秒，然后慢呼气（回缩腹部）3~5秒，屏息1秒；每次练习5~15分钟。深呼吸从生理维度刺激副交感神经，调节内分泌系统，从而有效降低人体内的压力激素分泌，放松身心，缓解焦虑情绪。而简单的冥想放松就是听着节奏舒缓的轻音乐，把所有的注意力都集中在音乐上，同时调动想象力，感觉触摸到音乐里的清风细浪，嗅闻到音乐中的花香果甜，感知到音乐带来的悠然自得。通过冥想，让大脑从快速思考和情绪波动的紧张状态中走出来，进入一种安定、平和的境界，从而消除内心的压力感和紧张感。

孤雁：跟着引导，我的注意力都在音乐上，感觉进入了一个美好的世界，有沙滩海风，有森林草地，有阳光白云，我躺在草地上，非常的放松。

原野：是的，很多放松技术能让我们轻松惬意。第二步是制订行动计划。一个具体可行的计划最大的价值是让我们获得掌控感和目标感，从而增强信心和勇气。此时你会发现自己最自卑、最紧张焦虑的事情是什么——是意外，是事情完全脱离我们的掌控，让我们无所适从。因此，在穿越舒适圈的初期，我们应该制订行动计划，明确流程步骤，规划时间安排，确定目标效果。有效降低不确定性，使事情可控。

第三步是缩小改变的幅度。美国心理学家奇普·希斯和丹·希恩在合著的《瞬变》一书中曾说，**"要让一头不情愿的大象迈开脚步，你必须缩小改变幅度"**。采取小步改变的方法，逐渐增加行动的难度和挑战性，这样的节奏改变一方面可以让你更容易适应新的情境和挑战；另一方面，每一次行动成功都让你更有成就感，成就感让你更加肯定自己，自信心得到增强；而自信心强的人更勇于迎接挑战，更容易获得成就感，从而形成良性循环。

第四步是寻找社会支持。 社会支持系统能够提供情感上的支持，当你感到自卑与恐惧的时候，家人、朋友或专业人士的鼓励、建议和支持，能帮助你应对各种情绪困扰，增强心理素质和抗压能力。此外，社会支持系统还能帮助你更好地认识自己，增强自我效能感，同时还能给予物质的支持、协助解决问题、分担工作家务等现实帮助，从而让你更好地应对工作、学习和生活中的挑战。

孤雁：这几个办法对我的生活学习都有帮助。之前我做过清单管理，完成一项清单任务就删除一条，那种成就感简直爆棚！此外，每当我感到自卑与恐惧的时候，闺蜜和朋友也总是安慰我、开导我，带着我看电影、逛逛街，确实能让我很快从负面的情绪中解脱出来。

原野：对，像你这个年龄，闺蜜、朋友等同伴关系非常重要。**第五步是自我激励。** 当你面对令你自卑、紧张和恐惧的场景，使用积极的自我激励技巧非常重要。自我激励语言能帮助你更加乐观、自信、勇敢（表1-2）；强化自己的优势和能力，从而增强自信心，减少自卑感。此外，它还能激发积极行为，让你更愿意尝试新事物和面对新挑战。另外，它还能将消极的思维方式转变为积极的思维方式，让你从认知维度摆脱自卑与恐惧。

表1-2　自我激励语言多维列表

情绪维度	能力维度	人际维度	能量维度
我今天很高兴！ 我现在很幸福！ 今天我的心情非常好，我觉得这个世界都很美好！ 此时此刻，我很享受正在做的事情，感觉棒极了！ ……	我能行！ 我很强大！ 今天我感觉特别有效率！ 我有很多优势！ 我觉得我的生活尽在掌控之中！ 我有把握高效完成工作！ ……	我的人缘特别好，身边的每一个人都喜欢我！ 所有的人都对我很友好，我很开心！ 我很确定，我的所有朋友都会永远支持我！ 此时此刻，我很乐观，感觉和所有人都能友好相处！ ……	现在的我充满干劲！ 我充满能量，富有创意，满脑子都是好主意！ 我现在精力特别旺盛，感觉有使不完的劲！ 我相信我的未来充满希望！ ……

第六步是模仿练习和持续精进。不断地练习和实践可以增强熟练度、自信心和适应性。你可以尝试模拟练习。当你独自一人的时候，大胆展示自己、大声朗读，以提高自己的演讲技巧和能力。你也可以邀请熟悉的同学、朋友参与模拟场景，帮助你预见和应对未来可能出现的情况，而这种预见性和掌控感能减轻由未知带来的恐惧感和焦虑感，并让你有更多的时间和机会来思考和解决问题。另外，当我们在安全和信任的环境中尝试新事物，实践新技能时，自我效能感和对特定场景的自信心将得到提升。

第七步是接受挫折和反思迭代。只有不成熟的人才会相信所有事情都会顺利、得偿所愿，而成熟的人会坦然地面对错误和失败，并且反思，从错误中吸取经验和教训。当我们遭遇挫折和失败时，不要一味地发泄情绪，而应该客观、平静地接受事实，反思反馈，更新迭代，积累经验，以提升处理问题的能力和水平。

孤雁：感谢原野老师，让我理解了这么多的心理原理，学了这么多的心理技术，我的收获太大了。未来我一定会走出自卑、恐惧的阴影，成为一个自信阳光的女孩！

自我实现：心有多大，舞台就有多大

人生的舞台上，我们都是主角，展现着生活中的喜怒哀乐，品尝着命运的苦辣酸甜，经历着人生的悲欢离合。但有很多像孤雁一样的人，过度在意别人的评价，活在别人的眼光里，自卑与恐惧像一道无形的心灵锁链，束缚着他们的手脚，让他们无力迈出舒适区，追求真正想要的生活。

对于容貌自卑和社交恐惧的孤雁而言，我们一起经历了一场从自卑无力到自我实现的心灵之旅。让我们总结一下这场心智成长过程中的咨询阶段、理论观点和技术方法。

（1）澄清线索、聚焦问题：我们深入了解了人格面具和自卑冰山示意图的理论观点，用澄清技术和系统化分析技术梳理了孤雁的心理困扰；

（2）追本溯源、确定靶点：我们理解了非理性信念和舞台追光灯效应，并尝试用例外原则和自我争辩锚定了内心焦虑的根源，并教会了孤雁简要的心理调适技巧；

（3）鞭辟入里、系统分析：我们学习了条件反射理论、阿德勒目的论和条件反射负面体验循环模型，并让孤雁运用痛点觉知的方法和正念疗法的技巧迅速消除了负面情绪的影响；

（4）自我关怀、积蓄勇气：我们解读了自我关怀理论，用自我关怀拥抱技术、自我关怀信和幽默自嘲法等技巧让孤雁充分包容和关怀自己；

（5）自我认知、挖掘潜能：我们掌握了自我认知理论，用乔哈里视窗、重塑积极特质表和潜能开发三句法全面认知自我，让孤雁启动"宝藏女孩"的探索程序；

（6）突破常规、自我实现：我们构建了突破心理舒适圈模型，掌握了呼吸或冥想放松法和自我激励语言多维列表等技术，帮助孤雁实现自我突破，迈向成熟。

自我实现将成就人生光芒万丈的你！

CHAPTER 2
第二章

精神暴力：

挣脱语言的枷锁，
从悲剧中找寻积极意义

幸福的人用童年治愈一生，不幸的人用一生治愈童年。

——阿尔弗雷德·阿德勒

我依然能清晰地回忆起残心走进咨询室的情景。残心是一名高二的学生，是她爸爸带她过来的。她一袭白裙，安静地站在门口，当她爸爸介绍我时，她非常礼貌地、轻轻地鞠躬："原野老师好！"一眼看过去，很难看出她有任何退缩和游离的心理病态，也很难将她跟身心创伤、辍学在家联系起来。

我先给残心倒了一杯热水，安排她在咨询室外的沙发上坐一会儿，之后和残心爸爸深入地谈起了孩子的情况。残心爸爸一脸冷静，也流露出些许犹疑，将残心的情况跟我娓娓道来。

残心爸爸是一家私企的老板，残心小的时候正是他的创业初期，他几乎天天在外打理企业，很少回家。残心妈妈是一所学校的领导，也是早出晚归，忙得不亦乐乎。因此残心从小一直生活在乡下的爷爷奶奶家里，由老人照看。虽然父母周末偶尔回来，但和孩子也是聚少离多。处于这样的生长环境，残心从小非常听话，很少让大人操心。当她上小学了，残心的父母把她接到身边，想让她在城里接受更好的教育。残心的妈妈对残心要求很严格，期望也很高，经常数落和批评她。残心懂事乖巧，一直挺优秀。有时候，残心的爸爸妈妈闹矛盾，她还懂事地左瞒右劝，调和大人的关系。在她上高中时，她的爸爸和妈妈离婚了，现在残心跟着爸爸。但是到高中以后，她的学习成绩直线下降，上课注意力集中不了，老师讲课也听不进去。家长带着她去医院检查过，身体上没有什么病症，初步诊断为因学习造成的情绪焦虑。但这种情况近期越来越严重，有一天残心爸爸突然发现，残心手腕上有很多割伤的痕迹，怀疑孩子存在心理问题，所以通过朋友找到我，希望我帮着了解一下孩子的情况。

我静静地听着残心爸爸慢条斯理的讲述，突然间有种心疼的感觉。可能在家长眼里，残心是一个学习优异、听话懂事的优等生。孩子每次回家都跟爸妈汇报，一切都好，考试考了班级第一名，因为这是爸爸妈妈最想听到的。而孩子内心的感受、情绪、人际关系等这些最需要被看见、被听到、被理解的东西，却被忽视了，而这些才是一个中学生最渴望被关注的东西。

多年的心理咨询经验告诉我，残心可能和很多有心理问题的孩子一样，和家长处于两个"平行世界"之中。平行世界是物理学概念。在心理学领域，家长和孩子被比喻为生活在两个"心理平行世界"中（图2-1）。尽管他们在物理上共处一室，但由于各自独特的心理状态、观念、情感和行为模式，他们仿佛存在于两个截然不同的心理世界。这种差异导致了彼此之间的隔阂，使得双方难以相互理解和认同对方的行为和选择。

图 2-1 心理意义上的"平行世界"

之前我们总会因为年龄的隔阂，说和孩子之间有代沟，但实际情况是，很多家长和孩子之间岂止是有代沟，而是处于不同的世界。成长环境、家庭背景、教育经历、认知模式等塑造着每一个人的情感体验、心理状态、内在需求和行为动机，而家长和孩子之间的巨大鸿沟也由此而生。孩子心里想什么？渴望做什么？有什么样的烦恼？家长都一无所知。而家长们和孩子的交流也仅仅是上什么课了，老师说什么了，考试考了多少分，其他学生考得怎么样，继续努力之类的"套话"。很多家长根本不了解自己的孩子，在平行世界里，家长眼里看到的孩子和真实的孩子甚至是完全不同的。

我安慰着残心的爸爸，让他在咨询室外休息会儿，同时将残心邀请到咨询室里，开始了一段惊心动魄的心理探索和咨询之旅。

一个不会哭的女孩

原野：残心你好！谢谢你选择信任我，和爸爸一起走进我的心理咨询室。刚才爸爸把你的情况简单地介绍了一下，特别提到你手腕上有很多割伤的痕迹。他非常担心你，我听了也很心疼。你能让我看看吗？

她微笑着答应，卷起衣袖，把手臂伸过来。我看到了一道道密密麻麻的被小刀等锐器割伤的痕迹，感觉非常揪心。

残心：原野老师，你知道吗？我现在都不知道要往哪里割了，已经没有地方了。有时实在痛苦得厉害，我就割手背，但这样比较容易被发现。

她带着苦笑，极其平静地跟我说。

原野：看到你的情况，我特别心疼。有很多来咨询的孩子也有你这样的情况。我知道，你内心有很多的委屈和烦恼，这些年一定过得很辛苦。我非常理解，你曾经历过痛苦和挣扎，但你并不孤单，许多人都经历过类似的困境。

请相信，你的感受是真实的，你有权表达自己的感受。

无论你需要什么，我都会支持你。请记住，不管你怎样看待自己，你的价值和存在都是不可替代的。接下来的日子，我会陪在你身边，支持你走出心理困境，请相信我。

我发现她的鼻子抽动了一下，仿佛要哭的样子，但是没有哭出来。

残心：原野老师，谢谢您。听您这么说，我特别感动，特别想哭。但是自从我上初三以来，这两三年里我从来没有哭过。我可能都不会哭了。我是不是已经丧失哭的机能了啊？！

童年哀伤，是人生不可磨灭的痛

原野：我知道你小时候是在乡下的爷爷奶奶家长大的，你能谈谈在那里生活的感受吗？

残心：嗯，小时候，我被送到农村的爷爷奶奶家生活，到上小学的时候才回到城里。因此，这段时间我好像对父母没有什么太深刻的印象。爷爷对我很好，经常带着我去地里玩儿，挖花生、摘桑葚、逮蝈蝈，有什么好吃的都给我买。我的童年留下了很多非常温暖的回忆。但是我对奶奶的印象截然不同，现在回想起来还有点儿害怕。奶奶在家里非常强势，经常训斥爷爷，对我也很严厉，不让我出去玩儿，不让干这个，不能说那个，所以那时候我没有什么玩伴，非常孤独。现在的我好像也没有什么朋友，好像我从小就没有学会交朋友这项技能，现在不知道怎么说话、交流，总感觉挺尴尬的。

原野：一些老人确实对孩子的控制比较严，在他们眼里，孩子吃饱穿暖，别出事，就是最好的养育。你能回忆起最早的记忆是什么吗？这段记忆带给你什么样的感受？不管这段记忆是真实发生的，还是你想象出来的，都没有关系。

残心：我记得家里只有我一个人，我会趴在老屋的窗台上看小朋友们在远处玩耍。奶奶不让我出去，说怕我出事，怕我和小朋友们打架。我一个人在家里，很孤单，也很伤心。那时候我对奶奶和爸爸妈妈有很深的怨恨感。

原野：我们一起来探索一下你的内心世界吧。**阿德勒认为，最早的记忆是个体对生活经验和内心情感的一种重要表达方式，它对个体的性格、行为模式、情感体验和信念价值观等具有深远的影响。**我们一起做个简单的分析（表 2-1），你最早的记忆场景维度是一个人在老屋的窗台上看着其他小朋友玩耍；情感维度是孤独的，充满怨恨；主题维度是被忽视和被隔离；关系维度是一个人，没有互动。你觉得最早的记忆和现在真实的生活有什么关联性吗？

残心：您这么一说，我觉得有特别深的关联。现在的我对什么事情都没有感觉，没有难过，也没有快乐，整个人都快麻木了。我只有在割手腕时才知道自己还活着，还有感觉。另外，我也没有什么朋友，对友谊既渴望又恐惧，十分纠结。这样的状态与小时候被隔离、被忽视应该有关联吧！

表2-1　最早记忆分析表

场景维度	主题维度	关系维度	情感维度
独自一人在老屋的窗台上看着其他小朋友玩耍	被忽视和被孤立	没有互动	孤独感、怨恨感

原野：看来幼年在农村留守的经历对你来说确实很辛苦。那上小学以后，你回到城里的爸妈家，是不是生活状态好起来了呢？

残心：现在想起来，回到城里才是我真正痛苦的开始。一开始，我特别怨恨爷爷和奶奶，不明白他们为什么残忍地抛弃我，把我送到没有温暖的父母家里。因为我本来对爸妈就很陌生，还有些害怕。另外，爸妈对弟弟很溺爱，而对我总是很冷淡并且多加斥责，非常不公平。乡下的家回不去了，城里的家也待不住，夜里我总是一个人趴在被窝里哭，有时候一哭就是一宿。

原野：你说得我很心疼，没想到你回到爸爸妈妈身边还这样痛苦。妈妈和爸爸没有发现你不适应城里的生活吗？

残心：他们整天忙，晚上回来后就为了些鸡毛蒜皮的事吵架，几乎不在意我过得怎么样。他们如果跟我说话，就是"学校课上得怎么样？""考试考得怎么样？""你舅家的表哥考上南开大学了，你以后要向他学习，给咱家争口气，也考一个名牌大学"，仅此而已。

原野：在父母眼里，好像只有你的学习和成绩重要。其实你刚从乡下爷爷奶奶家回到城里父母家，这段时期的生活学习、亲子关系、情绪情感等都发生着剧烈的变化，需要调整和适应的过程，需要爸爸妈妈给你更多的关爱与支持，但他们都忽略了。

残心：谢谢您的理解。其实那段时间我已经特别痛苦了，但也不愿意跟任何人说，总是一个人扛着。

原野：幼年在农村留守期间，你没有机会学习沟通与求助的方法，只能把一切的痛苦和委屈咽到肚子里，日积月累让你的情感变得麻木、反应变得迟钝。你可以试着想想，哪些事件给你造成了心理创伤。

残心：我想有两件事情吧。第一件事就是爷爷的去世。小时候，爷爷把我从乡下送到城里，本意是让我和爸爸妈妈团聚，可当时的我认为爷爷和奶奶不要我了，狠心地抛弃了我。特别是在新家里难过的时候，我非常怨恨他们，特别是爷爷，因为爷爷是我生命里的一束暖阳，现在连爷爷都不要我了，让我感觉生活像掉进冰窖里一样。自此以后，我不给他们打电话，也不回农村老家，甚至家庭聚会的时候也不理他们，要不就是无缘无故地朝他们发脾气。现在想想，我觉得自己特别不懂事。初三中考前夕，爷爷出车祸去世了，爸爸怕影响我考试，没有告诉我，所以我连葬礼都没有参加。现在想起来，我感觉特别内疚，感觉自己是个忘恩负义的白眼狼，甚至后悔和内疚得直撞墙。现在一想起来我就特别难受，特别痛苦。

原野：我非常理解你，其实每个人小的时候都有后悔和内疚的事情，**人生或多或少都有遗憾，不要因为遗憾、内疚去伤害自己，而要为了幸福、美好去做有益于自己的事，因为幸福和美好像火把，可以照亮心里遗憾和内疚所带来的黑暗。**

因为爷爷去世和没有参加葬礼带来的内疚感让你陷入自我谴责，认为自己应该生活在不幸里，不能拥有喜悦感和幸福感，否则就是对爷爷的背叛。另外，这种内疚感还会阻碍健康的人际关系，成为人际沟通的障碍。

接下来，我们用"空椅技术"来做关于爷爷去世这个事件的哀伤疗愈。"空椅技术"是完形疗法里的一种心理技巧，**它可以帮助来访者更好地理解和处理关系与情感，通过宣泄式和对话式的方法，促进来访者朝着统合、坦诚及更富生命力的状态去转化**（图2-2）。我为你准备了一张空椅子，你可以把爷爷的照片放在椅子上，想象爷爷正坐在上面。你搬一把椅子坐在对面，或者旁边，把想和爷爷说的所有话都讲出来。这个场域是安全的，是值得你信任的，你可以把所有积压在内心的遗憾、痛苦和内疚都说出来。虽然爷爷已经去世了，但我想他的在天之灵一定能感受到你的存在。

图 2-2　空椅技术示意

残心凝视着爷爷的照片，眼眸中渐渐泛着泪光，嘴角紧抿，仿佛在强忍悲伤。她用手指轻抚着相框，仿佛每一道细纹都诉说着无尽的思念。她微微低头，眉宇间流露出难以言说的内疚，若时光能倒流，她愿用所有去换取那未曾珍惜的陪伴和未来得及说出口的歉意。此刻，静谧的空气中弥漫着沉重的哀伤。

残心：爷爷，我想您了。我知道您已经离开了，但我仍然想您。小时候，我骑在您肩上，您带着我去摸鱼，给我买糖豆，教我编草帽。您知道吗？我人生中所有的快乐都是您带给我的。但您把我送进城里的新家，我以为您不要我了，抛弃我了。是我误会您了，于是我任性地怨恨您，不和您说话，无理取闹。爷爷，对不起，我好后悔啊！我知道这些行为伤害了您，一定让您很伤心。您去世了，我都没机会向您道歉，我只能惩罚自己，让自己更痛苦。我希望您能听到我说的话，能原谅我，知道我有多么爱您，您在我心里有多么重要，我多么想念您！

看着残心失声痛哭并念叨着，我知道这么多年积压在她心里的内疚感终于释放出来了，这是一种健康的哭泣。

遇到严重情绪化的父母，是人生极大的不幸

残心：谢谢老师，这两三年我从来没有像这样酣畅淋漓地哭过。我现在感觉心里好一些了。虽然爸爸和妈妈离婚了，但影响我最大的就是我和我妈之间的关系。我的妈妈非常强势，控制欲特别强，又经常情绪化，她给我带来了特别多的心理伤害。

原野：你能具体地谈一谈和妈妈相处的情况吗，特别是给你带来心理伤害情况的一些细节。

残心：太多了！简直是"罄竹难书"！首先是妈妈对我的评判和控制，好像无处不在，无时不在！我不能哭，因为哭会证明你软弱无能、一无是处；我不能大喊大叫，因为喊叫就不是大家闺秀，有失体统；我考好了，她让我不要骄傲，不能翘尾巴，考不好，她说我不努力，辜负了她的期望。我不出去玩，她说我孤僻，光窝在家里，是个窝囊废；我出去玩，买些喜欢的小东西，她说我是败家子，一点智商都没有，被别人骗，等等。无论怎样做，我都没有办法让她满意。她总是鸡蛋里挑骨头，刁难我、控制我和打击我。

原野：如果这是你的真实感觉，那你的妈妈做得确实很过分。你跟她主动沟通过吗？你跟她说过这些指责和评价给你带来了非常痛苦的感受吗？

残心：几乎没有！一方面，我和妈妈从小就很陌生，我挺害怕她的；另一方面，她好像总是处于生气的状态，跟爸爸生气、跟我生气、跟同事生气、跟大街上的陌生人生气，仿佛世界上所有的人都欠她的，都对不起她。我上小学的时候，因为没有练过字，写作业的时候有些拖拉，她就过来撕我的书，撕我的卷子，扔我的书包，掀我的桌子，说我是个不学无术的废物。说爸妈挣的钱都被我挥霍了，我对不起他们。我还记得初二那年，我参加体育考试跑1000米，跑了4分25秒，全班第一名，但把后脚跟的肌肉拉伤了。虽然很疼，但我特别渴望她能说句鼓励我的话，她却冷冷地扔出一句，"自己都管不好，跑这么快有个屁用"。当时我哭着冲她喊，"说句鼓励的话有这么难吗"，她继续甩给我一句，"你配什么鼓励的话？快跟我回去，别在这里丢人现眼"。

这一幕幕的痛苦回忆总是时不时地浮现在我的脑海里，记忆特别深刻，挥之不去。特别是老师大声斥责学生时，我就特别害怕，我根本就没有办法集中注意力听课，没有办法上课。您说，为什么越痛苦的事情记得越清楚呢？

原野：我特别理解你的感受，遇到这样严重情绪化的妈妈，对你来说非常痛苦。**其实童年时期，人们对于创伤会出现痛哭、愤怒、长久怨恨等强烈的情绪反应，而强烈的情绪反应会给孩子留下非常深刻的印象，这就是情绪记忆。**那些造成心理创伤的情绪记忆会保持很长时间，形成长期记忆。长大以后，当生活中出现相同或相似的场景，看到、听到相似的事情时，这种带有强烈负面情绪的记忆元素会通过唤醒、回闪等方式不断引起亲历者的痛苦回忆，并严重影响当事者的正常学习、工作和生活。

残心：对，就是这种感觉。我心里总有事，老师提问、同学们讨论争吵、别人大声说话，都会让我联想到妈妈对我的指责、批评和训斥。它们是突然之间冒出来的，让我心乱如麻，根本没有心情和心思学习。这可能就是我上不了课，决定休学的一个重要原因。

原野：我理解你的感受，很多负面想法就是不经意间冒出来的，我们根本没有办法控制。接下来我们尝试使用解离技术，认清这些思想只是大脑中的一系列场景、词语和想象，把这些无用的负面想法、情绪记忆从现实思考中分离出来，帮助我们更好地整合和应对自己的情感、认知、记忆和经历。

我把解离技术分成五个步骤（图 2-3）。**第一，觉察当下的想法。**我们可以对自己说："此刻我心里要说什么？""此刻我的看法是什么？""我的具体想法是什么？"等，并将这些想法记录下来。**第二，认清想法后，问自己这些想法是否有用，是否能帮到自己。**"我一无是处，这种想法对于我认真听课是否有帮助？""我很糟糕，这种想法对于我参加考试是否有价值？"等。**第三，转移注意力，进行运动解离或认知解离。**将所有的意识和感觉放到跑步上，或者在头脑中植入一个新的、正向的想法，"我现在全神贯注，认真听课""我全面、细致地复习，参加考试我很有信心"等，用正向的想法覆盖掉原来负面的情绪记忆。**第四，强化解离效果。**我们用动作和语言，不断加强新的、正向的行为和想法，让动作更有力，让想法更生动、更深刻。**第五，解离反思。**反思在什么样的场景和状态下，负面想法和创伤情绪记忆更容易出现。我们如何营造安全放松、信任和谐的环境氛围，以避免刺激和强化负面思维的产生。

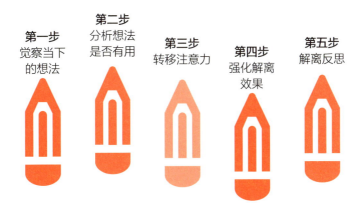

第一步
觉察当下
的想法

第二步
分析想法
是否有用

第三步
转移注意力

第四步
强化解离
效果

第五步
解离反思

图2-3　负面情绪和想法解离步骤

残心：解离技术对我应该有帮助，因为我发现越不去想这些负面想法，它们越萦绕盘旋在我的头脑中。但我去想其他事情的时候，新的想法就慢慢替代了旧的想法，创伤的情绪记忆就会淡一些。此外，我从上高中以后，感觉自己变得麻木了，没有什么事情能让我伤心，也没有什么事情能让我高兴。吃饭只是例行公事，一点滋味都没有，味如嚼蜡，自己像个木头人一样。另外，我有时照镜子，看到镜子里的自己，感觉特别陌生和恍惚，生活的世界好像水中花、镜中月一样，有一种油画的感觉，非常不真实。老师，您说我为什么会有这样的感觉呢？

原野：你刚才提到吃饭一点滋味也没有，我们可以做一个感觉阈值的水果测试，评估一下我们的感觉状态，了解一下我们的感觉敏感度。你先闻一闻这个油桃，思考：它有什么样的气味？尝一尝，思考：它有什么样的味道？接下来，尝一尝冬枣，思考：它有什么样的滋味？最后，吃一片柠檬，思考：它的味道如何？

我发现残心一脸茫然地吃着油桃、冬枣，没有感觉。柠檬这种平时我们一看就嘴里流酸水的水果，她拿起来就啃，也说没什么感觉。这种情况是感觉阈值变高、感觉迟钝的现象，是典型的异常心理症状。而她感受世界如水中花、镜中月，这种不真实感好像与感知觉障碍的症状相似。同时，鉴于她自残自伤的状态，我建议她父母带她到北京安定医院、北医六院等权威的精神专科医院，进行系统的评估和诊断。一周以后，残心爸爸跟我说，残心被初步诊断为严重抑郁症。

我特别震惊和唏嘘，像残心这样文静、懂事和漂亮的孩子，得了这么严重的心理疾病，不知道其内心曾经历过多么惨烈的心理摧残和折磨。那些最亲最近的家人们，或许正在以爱的名义去控制和惩罚着他们最爱的孩子，这便是生命中最大的悲剧。

几个月后，残心出院，并根据医嘱需要找一名资深专家进行常规心理咨询，于是，残心和我继续进行这场心理疗愈之旅。

跳出"杯中风暴"，真正的世界风平浪静

原野：你这几个月在北京的医院做心理治疗，感觉怎么样？之前的症状有改善吗？

残心：这段时间，我几乎把一辈子的药都吃完了，还做了全身的电击疗法。老师，你知道吗？电击疗法需要做全身麻醉，为了能治好，我都咬牙坚持下来了。现在，麻木感和恍惚感仿佛减轻了一些，不过很多记忆都没了，电击治疗好像有失忆的副作用。我也利用这段时间，把曾经痛苦负面的一些经历和想法记录了下来。

原野：孩子，你受苦了。**德国哲学家尼采说过，任何不能杀死你的，都会让你变得更强大。**这些苦难经历也一定会成为你的人生财富。**看见即是疗愈的开始。**当我们把负面想法从大脑中提取出来，写在纸上的时候，其实我们就已经察觉到了它，警醒，反思，改善，从这一刻就已经开始，我们的内心就悄无声息地发生着改变。你能跟我说一说，记录的一些重要事情吗？

残心：谢谢老师鼓励我！我记得初一的时候，有一次我们一家三口去看电影。当时刚刚入冬，天气有点冷，走着走着，我感觉有点热，就把衣服的拉链拉开了。但我妈妈觉得这样吹风简直是疯了，非逼着我把拉链拉上。正巧

拉链不太好使，折腾了半天也没有拉上，最后她来了一句，"你就是故意的！我好心让你拉上拉链，怕你冷，你就这么对我的！现在都这么不高兴了，还看什么电影，回家吧，回家"。我怎么解释都没有用，她转头就走了，留下我和爸爸站在大街上。

因为电影票已经买了，所以我和爸爸看完电影才回家。回到家，她还在生气，叫住我，说我心大、不体谅别人、没有良心，骂了我整整一晚上。当时我特别委屈、特别难受、特别内疚，感觉整个世界都塌陷了。我记得好像就是从那天开始，用割手腕的方式能让我的心里好受一些。

原野：嗯，你把这件事情记录下来，再重新看见，特别是从第三者的视角去看，你会怎样评价你和妈妈之间发生的这件事情？

残心：我感觉，妈妈像个孩子一样，任性、不成熟，情绪说来就来，肆意发泄。另外，她把自己的感受强加在我身上，不听我说，不听我解释，根本不理解我。

原野：你的反思特别好。当我们跳出自己亲历的场景，**用第三方视角去看待问题时，就可以理性地分析，而不是情绪性地感受。**你妈妈用她的经验和感觉剥夺了你的感觉，确实让人有被否认、被束缚和被控制的感受，于是你认为天都塌了、世界都崩溃了。**感觉是瞬间的体验，而认知是持续的**

理解。**感觉可以被理解，但认知未必正确。**接下来，我们做一个杯中风暴（图 2-4）的行为实验，希望你会有更深的体验和理解。

请拿出一个透明的玻璃杯，盛满清水，用一根筷子快速搅动杯子里的水，你会发现杯中的水很快就形成了龙卷风般的"风暴"。请你想象一下：如果你在杯子的水中，将拥有什么样的感受？如果你是这个杯子，你将拥有什么样的感受？如果你是盯着杯子看的人，你将拥有什么样的感受？

图 2-4　杯中风暴

残心：这个行为实验挺简单，但感受很深刻。如果我在杯子之中，必然会卷入风暴，随水流上下翻腾，不能自控，不能自已。而如果我是这只杯子，虽然外形没有改变，但内心却波浪滔天，五味杂陈，应该是哑巴吃黄连，有口说不出。

如果我是一个观察杯子的人，杯子里的风暴，与我没有任何关系。杯子里阴云密布，翻江倒海，而我这里艳阳高照，风平浪静。同处一片蓝天之下，我们却身在大相径庭的世界之中。我突然间领悟到了，心在何处，至关重要！有时我深陷痛苦，感觉没有希望、没有活着的意义，或许就是处在"杯中风暴"之中呢！如果能跳出来，生活就会变得一片美好。

原野：你有非常强的领悟能力，祝贺你！其实，很多人遇到一些困难，内心纠结苦楚，越想越痛苦，越想越委屈，越想越没有出路，反复想着别人怎样看，自己怎么办，别人怎么说，别人怎样评价，于是深陷在自我感受的"杯中风暴"里。

当我们心中有波澜时，无论是怒火中烧，还是痛苦纠结、焦虑抑郁，都是因为我们把所有的注意力集中在个人的感觉上，觉得自己就是世界的中心，自己的感受别人都应感同身受。自己的苦是别人的苦，自己的痛是别人的痛，自己的感觉和其他人是相通的。但从理性思考的维度来看，这是心理不成熟的表现，这仅仅是个人情绪的"杯中风暴"。日本作家岸见一郎和古贺史健在《被讨厌的勇气》一书中，写出了令人醍醐灌顶的一句话，如果了解了世界之大，就会明白自己所受的苦，只不过是"杯中风暴"而已，只要跳出杯子，猛烈的风暴也会变成微风。

残心：您说得太对了，我总是陷入自己的负面感受里，太在意自己的感觉了。有时经历着事件和情绪的"杯中风暴"，自怨自艾，自作多情；而对于其他人来说，人家根本就没在意我。但我怎样才能从负面情绪的"杯中风暴"里跳出来呢？

原野：**知道未必做到，而做到才是真正的知道，刻意练习是关键。**关于如何跳出内心感受的"杯中风暴"，我总结了一个"三念觉知"的心理小技巧，应该对你有所帮助。

第一是止念，止住负面情绪和念头。当我们深陷痛苦的旋涡之中，当我们纠缠于愤怒的情绪之中，止住，猛吸一口气，狠掐一把肉，将注意力迅速转移，不再沉沦在无边痛苦的情绪旋涡之中。

第二是转念，将负面情绪的念头调转为理性思考。当我们陷入愤怒的"杯中风暴"之中，迅速转念，思考：愤怒对我来说有什么好处？愤怒会带来什么样的后果？心平气和能否处理好当前的事务？我的痛苦有什么样的动机？痛苦情绪能为我达成什么样的目标？幸福快乐能否改变我的生活状态？

第三是他念，从他人他物的视角看待自己的问题和念头。当我陷入"杯中风暴"之中时，我的家人怎样看待我的焦虑呢？我的朋友怎样看待我的焦虑呢？门口路过的陌生人怎样看待我的问题呢？远处公园里的一棵树怎样看待我的问题呢？天上的星星怎样看待我的问题呢？我们身处一个广阔的系统之中，让我们把思维调转到他人他物的视角，小题大做，指幻为实。

残心：这个"三念觉知"小技巧挺有意思。我的理解是，**止念，让我们的负面情绪刹车止步，而不要滑向负面情绪的无底深渊；转念，让我们做辩证调整，不拘泥于自己僵化执着的思维；他念，让我们重新赋能，不成为井底之蛙和茧中之蛹！**

原野：你的理解非常棒。**认知影响情绪，情绪驱动行为，行为造成结果。**"杯中风暴"可能成为人生飓风，把生活摧残得支离破碎，让人陷入悲惨的人生状态。但当我们跳出"杯中风暴"，将关注点从个人的感受里移开，真正和别人联系起来，和人类、地球、宇宙联系起来，从个人感觉到共同体感受，去倾听更广大群体的声音和诉求时，我们的心胸将与天地同宽广。

请记住，我们不是世界的中心，我们只是自己创造的主观感受地图的中心。只有将个体归属到更大的系统里，如集体、国家等，将对于个体私利的关注，扩展到人类、地球、宇宙等，真正认识到我们属于一个更大的共同体，生活中一切的"杯中风暴"才能变成内心的润心细雨，徐来清风。

格物致知：如何向一只狗学习幸福

原野：回顾一下你的生活和学习，什么时候是相对平静和快乐的呢？接下来，**我们将运用亮点思维，尝试从相对麻木无感的生活中寻找亮点，并把亮点放大，给生活带来更多积极快乐的情绪和能量。**

残心：好像不太多，我的生活总带着压抑和沉闷的底色。噢，想起来了，我们家养了一只名字叫墩子的沙皮狗。每当我心情糟糕的时候，我会抱着它玩一会儿，心情就会变得平静和快乐一点儿，感觉墩子给了我很多的心理支持和疗愈。

原野：特别好，接下来，我们可以试着从这只名叫墩子的宠物狗身上，学习幸福和快乐的品质。

残心：什么？向一只狗学习？我从来没有想到，狗身上有什么要学习的优点。

原野：是吧，很好玩的。美国著名心理专家盖伊·温奇曾在《情绪急救》里写过一个案例，一名受到情感创伤的来访者通过回忆她去世的宠物狗，重温它的品质、行为和精神，实现了情感创伤的疗愈和心理情绪的整合。我们看看，墩子身上有哪些值得我们学习的品质和精神。我们先说优点是什么，然后找到尽可能多的客观事实来证明这个优点。

残心眼睛里突然有了光亮，一种兴奋快乐的情绪被迅速调动起来了。

残心：你这么一说，我明白了！我觉得墩子身上有很多优点。

第一点，简单随性，随遇而安。墩子住在阳台上，一个四处漏风的狗笼，一个简单的狗垫，就是它的"安乐窝"。便宜的狗粮，它百吃不厌，平日里只喝点水，偶尔吃一顿火腿加餐就哼哼唧唧，美得屁颠屁颠的。它生活可幸福了，吃了睡，睡了吃，到公园里玩得生龙活虎，在家里就安静如兔。我特别羡慕它！

第二点，不计前嫌，以德报怨。墩子从来不记仇。有时候，它围着桌子转来转去，妈妈烦它，轻轻一脚把它踢开，它有些痛苦地跑走了。可不一会儿，它又屁颠屁颠地跑过来了，用臃肿的身子蹭着妈妈的腿，一会儿摇尾乞怜，一会儿活蹦乱跳，逗妈妈开心。

第三点，过着有节律的幸福生活。墩子早上遛弯，吃完狗食就在屋里玩耍，中午两个小时的午睡雷打不动。晚上我还在写作业，它就打起呼噜来了。墩子吃喝拉撒睡从不依赖别人，也不在乎别人的评价和控制，总是按照自己的节奏生活。它顺应狗的生物钟，"肆意妄为"地生活。

原野：你总结得太好了！我们都需要向它学习。还有吗？

残心：当然有，在您的启发下，我想到了墩子的很多好品质。

第四点，积极主动，是社交达人。墩子经常主动和人交往。它吃饱喝足了，一会儿到爸爸那里蹭蹭，一会儿到妈妈那里转转，一会儿又跑到我这里腻腻。如果大家都不搭理它，它就发坏似的打翻垃圾桶，没皮没脸，反正我们都得和它玩，要不就给它来根火腿肠加餐。即使有陌生人来了，它也跟见了亲人一样，热情洋溢的，弄得我们都不好意思了。

第五点，自找有趣、自得其乐。它的世界仿佛没有苦恼，和家人们一起玩很快乐，如果我们实在没有时间和它玩，它就在我们身边睡觉，还打呼噜呢！它实在无聊了，或者溜达溜达，或者蹦到沙发上，逗逗猫、摇摇玩偶，或者到客厅穿衣镜前，和它的镜像兄弟玩"躲猫猫"。总之，它总能找到有趣的事情，让自己快乐起来！

第六点，真实地表达自己的情绪。墩子高兴的时候，左摇右摆，把它胖墩墩的脸贴上来，或者在我们的身边围着腿转圈圈，一副得意扬扬的"媚相"。它要是不高兴，就朝你汪汪几声，或者踹倒垃圾桶，或者趴在地上闷闷的，我们拿着火腿去逗它，它瞥一眼也不搭理我们。另外，墩子还表现出攻击性。我对它这么好，却是家里唯一被它咬伤的人，虽然可能它并无恶意。第一次给它拴绳套，它表现得很惊慌。我自告奋勇，结果它张开嘴，做出愤怒咬人的样子，而我的手不小心划到了它的牙齿，流了血。三针狂犬疫苗，让我知道了墩子不是好惹的，谁也不能触碰它的底线。

原野：我发现你和墩子有很深的情感联结，你从它身上探索到这么多的品质，而且有很多可能正是你非常缺乏的。

残心：是呢，积极主动、自得其乐、真实表达情绪，这些都是我非常欠缺的！我总是认为自己人际关系不好，被人嫌弃，现在想想，其实是自己愿意被动着、等着别人来接近和交流，没有积极主动交往的意识和能力。另外，我总是压抑自己的情绪，从来不敢拒绝别人的要求，哪怕有些对我来说简直有些过分，但屈服和顺从的意识好像已经深入骨髓了。未来我要向墩子学习，要真实地表达自己的意愿和情感，再也不做违心的事情了！

原野：**领悟是内心的觉醒，而非他人的灌输。**你通过与墩子的交往，总结出这么多优良品质，这种觉察对你的疗愈和成长非常重要。

残心：是的，墩子的优点我还没有说完呢。**第七点，感受爱、接纳爱。**墩子刚来到我家时，还是一个月的小奶狗，我抱着它，它能感受到爱和安全感，安稳地睡在我怀里。我一放下它，它就凄惨地叫。所以来到家里的第一夜，我抱着它一宿没怎么睡。早上我好不容易打个盹，好家伙，这个"恬不知耻"的东西，竟然心安理得地躺在我的被窝里，而我却被挤到床的角落里睡。生活中，你只要对它有一点好，这家伙就会十倍回报。一天不见，就像分开十年的情侣，简直爱得有点疯狂啊。

第八点，开放的友谊圈。墩子跟我好，也跟爸爸妈妈好。即使爸爸妈妈吵架，赌气冷战不说话，划分阵营，它也不偏不倚，向这个讨好，对那个献媚，简直是一个"双面间谍"。早上遛狗，它向每一个人打招呼，无论别人用什么样的态度对它，它都一如既往地热情待人。

第九点，给大家都留下美好的回忆。我们周围的每一个人，包括对门的邻居都喜欢它。大家闲聊起来，每个人都说喜欢跟它互动，生活中都有一些跟它有关的有意思的小事。想到它，大家心里满满都是快乐的记忆。

突然间，我感觉墩子简直是十全十美的，它都成了我追求幸福生活的"偶像"啦！

原野：是吧，听着墩子的幸福生活，我都羡慕了。接下来，我们用寻找亮点的成长表格（表2-2），把墩子的优秀品质系统地整理一下，让它成为我们学习幸福的榜样。

表2-2 寻找亮点的成长表

品质1：	事实依据	
	反思收获	
品质2：	事实依据	
	反思收获	
品质3：	事实依据	
	反思收获	
品质N：	事实依据	
	反思收获	

奇迹问话，探索"悲剧"的生命意义

原野：我详细看过你写的日记，里面记述了你从初中三年级到高中二年级近三年生活和学习的心路历程，没有想到你成长经历中有这么多的问题和创伤，我也特别理解你这么多年所承受的压力和指责，让你抑郁成疾。没想到这么多年，你生活得如此辛苦！

残心：谢谢老师的理解，我跟您咨询感到非常亲切，也愿意跟您倾诉我心里的那些事。我记得，初中二年级期末考试的时候，为了考出让妈妈满意的成绩，我一宿一宿地学习。为了不让家长发现，我猫在被窝里用手电筒看书，结果考试的时候晕过去了。等醒来以后，得到的不是安慰，而是一顿臭骂，"你就是活该！考个试都吓得晕过去，一点用也没有！……" **妈妈很少打我，却用语言把我揍得皮开肉绽。**

原野：你用这种近似自虐的方式去回应妈妈的期待，满足她的要求，她却没有看到。孩子，你受苦了啊！**"注意力就是事实"**，强调我们关注的事物对心理层面产生的重要影响。对你而言，关注的都是生活的痛苦和怨恨，那我们人生的底色也必然染上阴郁的色彩；如果我们将关注点聚焦到生活中的美好与喜乐，那么我们的生活可能会焕然一新。

残心：是的，我也发现日记里通篇都记述着曾经和妈妈痛苦的回忆，可能这些对我影响太大，已经深入骨髓了。突然让我回忆高兴的事，我几乎想不起来。

原野：我非常理解你的感受。从"无限痛苦"到"我心向阳"的心态转变，可能需要一段时间的适应和心理技巧的刻意练习。积极心理学之父马丁·塞利格曼突破了传统心理学"如何减轻人们的痛苦"的惯性思维，直接跨越到"如何建立人们的幸福感，并让幸福感持续下去"的积极思维，使**心理咨询不局限于对个人成长痛苦和失败的分析，而是直接聚焦如何让人过上快乐和幸福的生活。**这种积极的心理咨询理念，可以让来访者迅速提升积极情绪的水平，找到生命的美好。

我们先做一个心理情绪量尺（图2-5）的评估。你闭上眼睛，深呼吸三次，然后体会一下现在的情绪和感受。如果一点也不快乐，没有一丝幸福的感觉，那就打0分；如果非常快乐，幸福满满，那就打10分。你给自己现在的心情打多少分呢？

图2-5　心理情绪量尺示意图

残心：打4分吧，我没有感受到快乐和幸福，但和您沟通挺顺意的，感觉被您看见和理解了。

原野：好的，我们尝试运用积极心理学"奇迹问句"的方法。假设你一觉醒来，发现心理创伤、抑郁情绪、心理麻木等所有的心理问题都解决了，那么你会发现生活有什么不同，有了什么样的变化？你可以通过心理欧卡①（图2-6），找到"奇迹问句"实现后的生活场景和感觉体验。

残心：第一张我选这张海鸥的卡片，我渴望无拘无束，放松地追求自己想要的东西；第二张我选择两个人拥抱的卡片，虽然妈妈给我带来了心理创伤，但我希望能与她和解，

———————————

① 一套基于心理学原理设计的心理投射工具，被广泛应用在心理咨询的临床活动中。——编者注

拥有温馨相处的时刻；第三张卡片我选择大人牵着孩子的卡片，我特别渴望像其他孩子一样，和家长牵着手，感受家庭的温暖；第四张和第五张我选择伴侣和温馨的家，希望未来能有美好、幸福的家庭生活；我选的最后三张分别是图书馆、彩虹桥、教师的卡片，我想终身学习，环游世界，未来成为一名知识渊博的优秀教师。

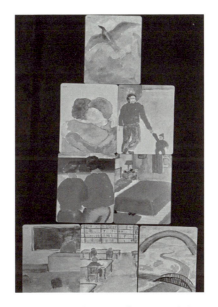

图2-6 "奇迹问句"的心理欧卡

原野：我看到你眼睛里都有光亮了，脸上也浮出笑容。现在给自己的心情打一个分，应该有多少分啊？

残心：谢谢老师，让我感受到从没有想过的生活憧憬。

我多渴望能生活在这样的世界里啊。我给现在的心情打 8 分，因为我一下子有了很多的期待和渴望。

原野：我知道你正在经历一段艰难的旅程，长期与抑郁麻木的情绪抗争，但你的勇气和坚韧让人感动，即使在最困难的时刻，你也没有放弃自己。同时，你的成长和进步虽然很微小，但都值得被看见。你的痛苦，我感同身受；你的成长，我也深感欣慰。在这段疗愈创伤的旅程中，我将一直陪伴着你，请相信，你并不孤单。感谢这次机缘，让你和我一起创造了改变的"奇迹"。

我看到残心的鼻子在抽动，被看到、被理解的感动情绪一直在酝酿。慢慢地，泪水开始在她的眼角凝结，缓缓地流了出来。在我的引导下，她痛快地哭出来，泪水肆意流淌……

残心：谢谢老师，谢谢您！我现在想起那些痛苦的回忆，负面情绪不再那么强烈了，但它们不可能完全消失啊。

原野：我能理解你的感受，这些负面情绪的记忆，曾经是强烈且清晰的，现在依然会影响着你的情绪、认知和决策，给你带来一定的困扰。但从另外一个角度来讲，它们也会带来价值和意义。

残心：价值和意义？怎么可能！我一直被这些痛苦的回

忆折磨着，能渐渐淡忘就已经很不容易了，它们怎么可能与价值和意义联系起来呢？

原野：当我们经历痛苦时，总希望尽快把这些烦恼忘掉，但这种回避问题的方式不仅不能达到目的，反而会让这些情绪记忆总是在我们心头萦绕。就像我们把一堆发霉变质的食物藏在地毯下面，表面看上去它们好像消失了，但在本质上并没有消失，而且还在不断腐蚀着地毯，让事情变得更糟糕，我们也会蒙受更大的损失。

残心：您这样说我能理解，有时候我越想忘掉一些事儿，记忆就越清晰，仅仅这一点就够让我抓狂了。

原野：其实正确的做法是把这些记忆垃圾从地毯底下清扫出来，把痛苦回忆转化成更有价值和意义的人生经验，这样我们才能真正做到遗忘，并从情感创伤里吸取教训和获得成长。你认为这些回忆已经很糟糕了，但是曾经有一个老人遇到爱人去世的情况，那种痛苦是刻骨铭心的。意义疗法的创始人维克多·弗兰克尔帮助老人在这种创伤中找到价值和意义，支持其走出了人生的至暗时刻。

残心：跟我讲讲这个故事吧，我觉得它对我来说很有意义。

原野：维克多·弗兰克尔是奥地利一位著名的神经学家、精神病学家，开创了维也纳第三心理治疗学派。他是犹太人，曾在"二战"期间被投入奥斯威辛集中营，历经九死一生，但凭着顽强的毅力得以生还，并创立了意义疗法。**意义疗法是一种以意义为中心的心理治疗方法，当人们面对生活中的痛苦和挑战时，治疗师通过帮助人们重新发现生活的意义和目的，以增强他们的内在力量和幸福感，从而达到疗愈的目的。**

曾经有一个因无法忍受丧妻之痛而打算自杀的老人来找弗兰克尔咨询。弗兰克尔了解到老人非常爱他的妻子，所以爱人去世多年，依然走不出丧偶的阴影。于是他对老人说："如果你比妻子先去世，你的妻子会怎么办？"老人说："那她一定会更难受的。另外，我负责家里的水费、电费、煤气费等大事小情，很多事情没有我，她根本没有办法做到！"弗兰克尔说："所以她免除了这样的烦恼和痛苦，这就是你爱人去世的价值和意义。"

连亲人去世这样令人悲伤的事情都能找到价值和意义，那我们也可以尝试分析一下自己曾经的痛苦经历，看看它们给我们带来哪些有益的价值和意义。你可以选择曾经的一些痛苦回忆，把它填写在负面事件情绪意义转换表（表2-3）里，在绝望中寻找希望。

残心：感谢您给我的启发，我仿佛从这些痛苦的回忆中找到了内在力量，我要勇敢做自己，成为最好的自己。

表2-3　负面事件情绪意义转换表

负面事件情绪记述	正面意义价值解读

以终为始，改写你的人生剧本

美国人类行为问题专家菲利普·C.麦格劳（Phillip C. McGraw）曾表达过振聋发聩的观点，在某种程度上，**没有事实，只有感受！** 回溯残心的心理咨询案例，我们可以看到她幼年遭受乡村留守、被隔离的精神冷暴力，青少年时期又被妈妈肆意评价、指责和辱骂的精神热暴力折磨得遍体鳞伤。长时间遭受的精神暴力让其生理感觉与社会评价产生分裂，因此造成了严重的心理创伤。**其实，在每个人成长的早期，感觉就是事实。** 在亲子关系中，让孩子感受到被尊重、被认可、被温暖、被爱，这样的家长就是好家长；而如果家长用自己的方式表达关心、表达爱，例如训斥指责、报过量的辅导址、控制和干涉孩子的生活父友等，孩子只能感受到痛苦、被束缚、被操纵、被侵犯，那么家长就应该反思。对孩子的

爱不是由家长定义的，而是由孩子的感受决定的。

我们每个人都在个人感受和社会要求中找到平衡点，正如人生状态视窗（图2-7）所描述的那样：个人感受非常低，社会要求也非常低，人生状态处于无聊厌倦型；个人感受非常低，社会要求却很高，人生状态处于高压苦行型；个人感受非常高，社会要求低，人生状态处于自主愉悦型；而个人感觉和社会要求都高时，人生状态处于高效心流型。残心长期处于父母的高要求，甚至带有病态的指责和辱骂的环境中，个人也长期抑郁痛苦，无法自拔，这种高压苦行的人生状态最终成为压垮她精神的"重石"。因此，残心需要从高压苦行的人生状态转化到自主愉悦的人生状态，与积极真实的愉快

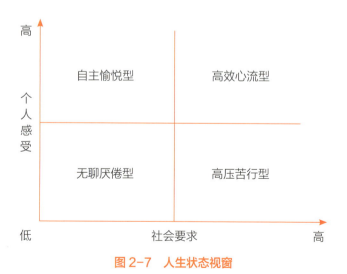

图2-7 人生状态视窗

感觉产生深厚密切的链接，再激发潜能，跃迁到高效心流的人生状态，实现卓越的人生目标。

心中有了方向，眼里就有了力量，脚下也就有了路。我们知道终点在哪里，目标是什么，前行的脚步就会更坚定。以终为始，我们改写了残心这个备受精神暴力摧残女孩的人生脚本。

在咨询案例中，我们分析家庭关系，通过平行世界来洞察亲子关系的疏离问题，用深度共情来理解来访者的痛苦心境。此外，聚焦童年创伤，我们用关键时期的关键帮助——空椅技术和早期记忆，探索和释放了来访者童年被压抑的哀伤。之后，我们运用情绪记忆的理论、解离技术来解读情绪困扰，淡化和剥离了负面的情绪记忆和认知，用感觉阈值水果测试法来分析其可能存在的其他病症和创伤。另外，对于情绪认知，我们用杯中风暴、共同体理念等理论，练习拓展思维认知，触发辩证思考，用第三视角观察分析法和情绪风暴"三念觉知"技术等，调适来访者的情绪问题。最后，我们通过意义疗法、格物致知和积极心理学理念等哲学心理学思维，采用心理量尺技术、心理欧卡技术、奇迹问句和人生状态等心理技术，重新赋予了来访者心理能量，促进其情感疗愈的积极转化和心智思维的成长成熟。

每个人在成长的路上，都会被人强加或者自行模仿他人的"人生剧本"，唯有成为更好的自己，才能成就这一世的终极而畅快的人生。以终为始，我们站在人生的新起点，转换思维，启动想象，格物致知，调动潜能。那些虽历经苦难却依然有勇气改写人生剧本的人，才能开启自己真实、真正和真挚的人生之路。尽管精神暴力的创伤犹如沉重的包袱，让我们步履维艰；然而我们深知一点，只有勇敢地面对，只有睿智地抉择，遵循内心的感觉，秉承以终为始的理念，才能挣脱束缚、迎接新生，度过如同破茧成蝶般的高效人生。

CHAPTER 3
第三章

空心生活：

内心虚无的我，
重新找到生命的意义

生活的意义在于对人类全体产生兴趣并与之合作，为我们的世界做出贡献！

——阿尔弗雷德·阿德勒

我压力山大，却不知为什么而活

空谷是来访者中最有诗意、最喜欢哲思的一个。我与他初次见面是在一个安静的咖啡馆里。他身形挺拔、面容柔美，是女生眼里标准的美男子。他坐在我对面，低着头，双手紧握着咖啡杯，指尖泛白。他姿势颓废，焦虑和压力如同一块巨石，压得他喘不过气来。另外，他的眼神空洞，仿佛陷入了无尽的黑暗之中。

空谷：人生就是一盒巧克力，每一颗都是苦涩的，单调乏味，吃起来压力重重，令人焦虑、痛苦。我有时怀疑，自己来到这个世界上就是为了承受这无边的虚无和无尽的痛苦。可这一切对我来说有什么价值和意义呢？

我知道他开口的第一句话是改写自影片《阿甘正传》里的名言，"人生就像一盒巧克力，你永远不知道下一颗是什么味道"。只不过区别在于，《阿甘正传》里的话是用来表达对人生的期待，而他是为了表达对生活的失望。

他自嘲是一个典型的"小镇做题家"，从农村到城市，大学毕业后进入了一家银行工作，一路的拼搏奋斗仿佛有了回报。但他突然间感受到，现在的工作和生活不是自己想象的那样，曾经的一切付出好像都是海市蜃楼。随着破灭的理想和痛苦的感受，他像陷入了无间地狱，压力巨大、精力憔悴、倍感煎熬。

原野：我理解你的感受，非常大的压力确实会使我们的身心疲惫。**其实压力本身不是问题，更多的是为了告诉我们，生活正遇到一些麻烦和挑战，需要我们认真面对和思考。**接下来你能详细地聊一聊，什么样的压力让你如此憔悴、倍感煎熬吗？

空谷：很多人看来，在银行工作是稳定、殷实的象征，但对我来说，工作却变成了无休止的重复和难以忍受的单调。我每天面对着冰冷的机器和无尽的数字，就像身处一个永远也找不到出口的巨大迷宫，而我就是一头被蒙住眼睛拉磨的驴子，一圈一圈地在工作和生活的磨盘上原地踏步，循环往复。此外，**越来越快的工作节奏和不断提升的业绩要求，让我没有办法全身心投入地完成一件事、体验每一种感受、认真地了解每个客户，一切都是流程化的、形式化的。**我有时感觉自己像一个被上了发条的机械僵尸，除了忙碌的工作外，没有感觉、没有目标、没有方向、没有意义，这种空洞和无力的体验简直让人抓狂。我试图调整状况，努力挣扎，寻找出口，却发现自己根本无力摆脱这种工作和生活的束缚。

原野：我对你的心情感同身受。确实，现代社会的快节奏生活和高竞争压力让我们感到身心俱疲，长时间的工作压力和单调之味的生活状况可能会导致人们感到无力和失去生活的乐趣。你尝试过用什么样的方法去调整生活工作的节奏与状态吗？做过哪些改变呢？

空谷：我尝试着找朋友聊天、玩手机，甚至去商场购物，希望能让自己的内心重新焕发生机，让生活的节奏变慢，生命过得有色彩、有温度和有意义，但这一切好像没有任何作用。每次朋友聚会，大家只有一个话题：升官发财。我发现自己越来越难以了解别人，也感觉别人难以理解我。那些欢声笑语似乎只是表面的泡沫，一触即破。朋友间聚会，本应是寻找共鸣、分享生活的，但实际上它正掏空我的精力和耐心。聚会过后，重新回到空荡荡的房间，我感到无比疲惫，如同经历了一场巨大的精神内耗，往往会陷入更深的自我怀疑和空虚之中。此外，平日里一有空闲，我就习惯性地滑动手机屏幕，浏览别人的精彩生活，点赞、评论和转发，仿佛自己也参与其中。但手机里的世界越是五彩斑斓，现实的生活就显得越苍白无力。每当我放下手机，面对现实的时候，那种落差感让我更加失落。另外，偶尔购物也是我的一种尝试。每当心情低落，我就会去商场，试图用物质弥补心灵的空虚。新衣新鞋、手表皮包等，这些物质堆积让我暂时感受到快乐和满足，但随着时间的流转，我发现这种快乐和满足是如此的肤浅和短暂。**物质满足只是一时的，而内心空虚却是持久的。** 购物带来的新鲜感，很快就被日复一日的单调生活所吞噬。

我感觉自己就像一个没有灵魂的木偶，困在一张无形的大网里，越是想改变，越是挣扎，就陷得越深。这些尝试和改变没有给我带来真正的快乐和满足，反而让我更加疲惫、迷失和麻木。短暂刺激过后，空虚和麻木依然如影随形，我的内心变得越来越空洞，情绪也越来越焦躁。

原野：我看到了你的努力，但这些尝试显然不是好办法。**在众多的问题里，压力问题就像身体大出血，我们必须先止血，之后再疗愈内在复杂的其他创伤和问题。处理压力问题，需要先在理念层面学会呵护自己，统筹好空闲时间。呵护自己，就是在生活中拥有充足的睡眠、娱乐和空闲时间。空闲时间指我们离开工作场域，让自己休息和恢复精力的时间，它可以分为休息时间、消遣时间和关系时间**（图3-1）。休息时间，指暂停一切活动让自己安静存在的时间，如躺着听音乐、冥想、发呆等；消遣时间，指参与能补充能量、重塑自身的活动时间，例如钓鱼、旅游等；关系时间，指安心享受与亲人朋友和谐相处的时光，包括与伴侣、子女、父母、朋友、宠物等幸福相处。统筹分配好空闲时间，将真正给你带来深度放松和能量补充，而不像手机、聚会和购物那样，看似放松，实际上却继续消耗你的精力和能量。

图 3-1　空闲时间拆分示意图

此外，在具体行为层面，我们可以通过渐进肌肉放松冥想法来深度放松身体。闭上眼睛，听着舒缓的音乐，跟着冥想音乐中的指示语，体验全身肌肉的渐进式放松。**肌肉紧绷如同冰冻的压力，放松仿佛温暖的阳光，化解压力，使冰雪消融；放松肌肉，即是释放灵魂。**请好好享受这精神SPA（水疗）带来的深度放松吧。

现在，让我们先放松，在下面的一些时间里，我将帮助你调节你的身心，在这个过程结束后，你会感觉你的身心非常舒适。现在，你要做的只是听着美妙的音乐，然后跟随着我的语言展开想象。我说到哪里，你就想到哪里，结束后你会感觉身心非常舒适。

现在把你的注意力放在脚上，脚部放松了，脚掌放松了，脚踝放松了，小腿也放松了，小腿上的肌肉也放松了，小腿上的骨头也放松了，膝盖放松了，你的大腿也放松了，大腿上的肌肉一缕一缕也都放松了。你整个腿部都放松了，又松又软，你甚至感受不到腿部有力气的存在。

胯部放松了，小腹也放松了，好，我们逐渐地向上移。心脏放松了，整个腹部也都放松了，胸部放松了，背部放松了，整个脊柱放松了，整个脊柱从下到上一节一节地放松了，你的肋骨也放松了，一根一根地放松了，肋骨上的肌肉也逐渐放松了，你可以感觉到你的内脏又松又软，你的腹部又松又软，你的胸部又松又软，你感到非常舒服。

肩部放松了，两条手臂放松了，手臂上的肌肉放松了，血管也放松了，骨头也放松了，两条手臂又松又软，你的指头也放松了，每一根指头都放松了，它们好像睡着了，它们好像不存在了。两条手臂就像两个翅膀，翅膀上有羽毛，又松又软，你的颈部放松了，从脊椎的最下面一节一节地放松到你的颈部，非常软。再往上，你的头部放松了，整个头盖骨放松了。你的面部放松了。你的眉心已展开了，两只耳朵也放松了。你的身体非常放松、非常舒服，现在的你精力充沛、能量满满。

从小被设计的生活，让我没有选择的能力

空谷：原野老师，肌肉渐进式的冥想放松和空闲时间的统筹设计，确实让我的压力减轻了不少，生活仿佛没有以前想象中那样沉重了。但我为什么活着？我到底想成为一个什么样的人？生存的意义是什么？对这些问题的探索让我非常的苦恼。亚里士多德说，人生之乐，有肉体之乐、世俗之乐和灵魂之乐。但回味我的生活与工作，我感受不到肉体和世俗上的快乐，而对于所谓灵魂之乐的探索却让我空虚和焦虑，你觉得我到底是哪里出了问题呢？

原野：**苏格拉底说，未经反思的生活，是不值得过的。**我想你对于生活意义的探索，可能是生活状态确实出现了一些问题，另外也代表着你的心智已经更加成熟，对人生有更多的反思，渴望生命进入高维阶段。因此，一方面，你要面对现实，承认生活中出现了各种各样的烦恼；另一方面，你也需要肯定自我成长和思想成熟。你回忆一下，这种苦恼的感觉是什么时候有的？当时的状况是怎样的呢？

空谷：我从记事之日起，好像就有这种感觉，只不过一直被压抑着。小时候，我像是父母手中的一颗棋子，他们虽然是农民，但望子成龙，在力所能及的范围内，让我上最好的小学、最好的中学。我考上最好的大学后，选了金融专业。我的一举一动、一言一行，都被父母严格地设计着，必须按照预设的轨迹前行。他们总会严厉地纠正我，告诉我"这样做不对""你应该这样做""有钱才能有未来，才能过上好日子""这对你是最好的，你长大就知道了"。久而久之，我逐渐失去了自己，取而代之的是他们期望中的那个"我"。

成绩和目标，是衡量我价值感和存在感的唯一标尺，考好大学、将来赚大钱，被视为生活的终极目标。父母也只关心我的成绩，而不是我的身体和思想。在这样的功利教育下，我渐渐失去了对生活和情感的感知，仿佛成了一具为赚钱而生的机器。但在我内心深处，会对生活感到迷茫和无助。我曾经不止一次地问自己，难道人生的意义就只是赚钱吗？即使赚到钱又能怎样呢？另外，别人的评价，对我来说至关重要。我总是努力去迎合他人的期望，希望得到他们的认可。以前是父母，现在是领导、同事和客户。我渴望得到认同，却又恐惧自己无法达到他人的期望。我就像一头面对两捆草又饥渴难耐的"布利丹之驴"①，都想要，但却在这种选择中纠结痛苦，最终饥渴而亡。

你知道吗？到现在为止，我依然为生活中很多琐碎的选择而苦恼不已，比如上班的时候，先做这件事情还是那件事情？去超市，是买这样的本子还是买那样的本子？回到家里，是吃面条还是做米饭？我感到仿佛有很多人在背后监督着我，评价着我。因此，对于选择，我有着天然的抗拒，因为它们特别消耗精神，我的人生一直被一双无形的手操控着，而我只是一个负责执行的工具。

原野：我非常理解你的感受，不只是你，现在很多孩子都有这种选择困难症。**很多父母以爱的名义剥夺孩子的自主意识、情感和行为，抹杀了孩子的天性，也给孩子带来无穷无尽的心理困扰。**自主性缺失的人生活可控感较低，因此即使面对生活中鸡毛蒜皮的事情，他们依然惴惴不安，难以决策。当我们面临着选择和行为不可控的时候，我们可以设计一个情景扳机，通过特定的环境来控制行为，让改变更丝滑，生活也变得充盈而高效。

---

① 14世纪，法国经院哲学家布利丹，在一次议论自由问题时讲了这样一个寓言故事："一头饥饿至极的毛驴站在两捆完全相同的草料中间，可是它却始终犹豫不决，不知道应该先吃哪一捆才好，结果活活被饿死了。"由这个寓言故事形成了"布利丹之驴"的典故，被人们用来喻指那些优柔寡断、内心纠结痛苦的人。

空谷：情景扳机，这个概念非常有意思。如果在选择方面更轻松一些，那我生活的苦恼将会大大减少！

原野：**情景扳机是指能够激发我们某种情绪或特定行为的情境或线索，可以帮助我们通过控制和调整环境因素来影响自己的情绪和行为。**相对于认知和行为的改变，环境调整则更加容易，因此我们设计环境氛围，设置触发"扳机"，这有助于改变行为和养成习惯。例如，有些人早上爱睡懒觉，缺乏锻炼，我们可以通过环境设计，设置和触发情景扳机来助推改变（表3-1）。

表3-1 情景扳机设计

行为问题	情景设计	扳机点	行为反应
爱睡懒觉，缺乏锻炼	提前订好闹钟，床头准备好锻炼的衣服和运动鞋	闹钟响起	开始晨练，进行运动
工作状态懒散，行为拖沓	提前安排工作日程	进入工位	聚焦当下，投入工作
……	……	……	……

例如，我们提前订好闹钟，在床头准备好锻炼的衣服和运动鞋，闹钟一响，触发晨练的情景扳机。提前设计好的环境让我们更容易进入运动前的状态，使改变可以瞬间完成。再比如，我们将"走进公司、进入工位"作为全身投入工作的情景扳机，当身处此环境时就触发反应，使我们聚焦当下，全神贯注工作，避免诱惑和干扰。因此，情景扳机把行为控

制和选择权交给了环境，从而实现行为和情绪的瞬间改变。

空谷：太棒了！不过我的心理困扰远远不止这些。上半年，我参加一个企业的审计总结工作。那段时间我是连轴转，忙了快一个月，感觉自己的灵魂好像脱离了肉体，像一只在笼子里不断循环向前跑的仓鼠，一直在努力，一直在付出，但这一切都没有意义，和自己无关。内心的重复感、单调性和无力感都快让我崩溃了。

原野：这种单调性、流程化和模式化的工作确实会让人感觉如同机器般的生活，我能理解你的感受。我想向你介绍下著名诺贝尔奖获得者、法国作家兼哲学家加缪的观点。他曾写过一本非常著名的书，叫作《西西弗斯的神话》。书里描述道，众神对西西弗斯进行惩罚，让他不断地推着巨石到山顶，然后巨石从山顶滑落下来，他再推到山顶，巨石再滑落下来，循环往复，无穷无尽。**众神通过让西西弗斯做这种没有意义、没有终点、无限循环的苦力，折磨他的筋骨，消耗他的意志，让他陷入如无间地狱般的痛苦**（图3-2）。

空谷：这个故事我听说过。联想到现实生活，我就是那个西西弗斯，吃饭、上班、日日重复，从终点回到起点，不断循环，艰辛而单调，看起来无意义。明知如此，但我却无法摆脱。

原野：你理论联系现实的能力非常强。如果我们和西西弗斯的状态一样，执着地纠结于生活工作的单调、乏味和无

图 3-2　西西弗斯的神话

意义，我们就会陷入焦虑痛苦的地狱。但我们拥有自由意志，可以在循环往复的平常日子里寻找生活的意义和本质。美国著名心理学家斯科特·派克在著作《少有人走的路》的开篇，就揭示了人生的真相——"人生苦难重重，这是个伟大的真理，是世界上最伟大的真理之一。它的伟大之处在于，一旦我们领悟了这句话的真谛，就能从苦难中解脱出来，实现人生的超越。"无独有偶，加缪也认为，应该在虚无主义的基础上重建生命存在的价值和意义。一旦我们看透了世界"虚无和困难"的本质和真相以后，那么我们就会变得释怀，放下曾经的执着和妄想，不给生活更多的预设，让生活更加开放，同时我们也可以掌控自己的命运。

空谷：确实。**先承认虚无主义，先认识到人生苦难的底色，就不会太纠结和痛苦，而那些偶尔的幸福和快乐，就是生活的意外赏赐。**经过你的启发，我想起德国哲学家叔本华的观点。人之所以区别于其他的低等动物，主要是因为我们有反省的思维，有理性。但在大多数情形下，除了不重要的行动，我们的行动都取决于抽象的思想动机，而非当下的印象。这是人和其他动物的根本区别，也是人痛苦的根源所在。我们内心有欲望，不断感知外在世界的新鲜刺激，**如果欲望没有被满足，我们就痛苦；如果欲望满足了，我们就无聊。**因此无论执着于欲望，还是执着于满足，其结果都是痛苦的。要么庸俗，要么孤独，其超脱的方法是放下痛苦和愤怒的状态，拥有闲暇与自由，过一种平静质朴、离群索居的生活。

原野：**理解它并不一定能更好地运用它，但运用它却可以更好地理解它。**对于你的实际工作，我们可以尝试利用峰终定律，在重复单调的工作中打造巅峰时刻。峰终定律是由诺贝尔经济学奖获得者、美国心理学家丹尼·卡尼曼提出的，他告诉我们，"用户体验一项事物之后，能记住的就只**是在峰（高峰）与终（结束）时的体验，而在过程中好与不好体验的比重、体验时间的长短，对记忆的影响不大**"。因此，我们对某一事物的感受，并不是对事物整体和全部过程的感觉，事物的高潮和终点对我们的感受起决定性作用。因此你对工作产生单调、乏味和没有意义的感觉，是因为每天的工作中没有让你欣喜的高潮时刻，工作的终结也像白开水，没有滋味。

我们可以根据工作的具体流程和内容，设计工作的峰终体验，将侦探思维和上帝思维运用到与客户打交道上，在流程化和重复性的工作中设计里程碑事件，将顾客的满意作为工作的荣耀时刻。通过这种设计，让所有琐碎的细节成为工作的亮点，让平日里单调乏味的工作充满趣味性、不确定性和积极互动性，这将给你一种全新的内在体验。

人生三样：哪些是生命中无法割舍的部分

空谷：感谢您教我峰终体验的方法，我确实在工作中体会到了它的妙处。昨天和一个大客户谈业务，我用侦探思维和她沟通，深入了解了她的投资需求、动机、愿望等，感觉工作变得有新鲜感和趣味性了。不过我担心自己很难坚持下去，未来的生活是不是还会回到原来单调乏味的状态呢？这样的问题我该如何防患于未然呢？

原野：**一切事情都有周期，短期可以激情四射，但长期一定是本性使然。**所以，在生活和工作中保持持久的积极状态，前提是认识你自己，尽可能做到人与职业的匹配，人与生活的契合。**希腊德尔菲神庙上镌刻着一句意味深长的话——认识你自己。**当我们全面、深刻地认识了自己，便能因势利导，扬长避短，发挥自身的优势和潜能，也能让生命体验到更多的意义和成就感。

空谷：你说的对，认识自己确实重要！不过我感觉我很难全面地了解自己，我有时候有点内向，但有时候又希望热闹；有时候情绪来了爱说爱笑、性格开朗，但有时又爱独自一人黯然神伤。我觉得自己是一个性格复合体，很难完全了解自己。

原野：其实每个人都是多面的，而且自我探索是一个终生的过程。随着工作阅历、知识体系、环境关系的变化，一个人的认知会不断丰富。当然，我们现阶段的自我认知还是非常重要的，因为它是我们当下选择的基础。

接下来，我们做一个自我认知九宫图（图3-3），从侧面

自由	有创意	善于思考
爱读书	从事金融	内向
有品位	慎独	终生成长

图3-3　自我认知九宫图

看一下我们是什么样的人，我们的性格特点、动机需求、价值愿景等。拿出一张 A4 纸，将纸在纵向上尽可能平均分成三部分，然后折叠，并把折痕压实。随后再展开，在横向上尽可能平均分成三部分，折叠，并把折痕压实。最后把 A4 纸打开，你会发现共有 9 个长方格。请你思考一下，你是一个什么样的人。这是一个开放式的测试，你的角色、身份、性格、爱好等，都可以填写到这 9 个空格里，想到什么就写什么，把 9 个格子填写好即可。

空谷：我是一个自由的人，其实我特别向往自由，不愿意被各种条条框框束缚；我是一个有创意的人，经常有一些奇思妙想，突破传统，颠覆常规；我是一个善于思考的人，喜欢思考意义、价值那些相对抽象的内容；我是一个爱读书的人，喜欢各种类型的书，自命"杂家"；我是一个从事金融行业的人，这是我的立身之本；我是一个内向的人，我更关注内心感受、情感、思想；我是个有品位的人，其实我对人和事物的要求还是很高的，我有自己的原则、自己欣赏的维度和价值取向；我是一个慎独的人，我比较自律，对道德、情操要求很高；我是一个终生成长的人，我一直把终身学习作为座右铭，渴望不断突破，不断成长，希望从内而外成为更完美的自己。

原野：你说得特别好。你从性格、爱好、价值取向等维度探索和认识自己，一个鲜活、具体的自我逐渐清晰起来。看着自我认知九宫图中的自己，再联系现在生活工作的困惑烦恼，你有什么样的体会和感悟呢？

空谷：我突然发现，自己是个把注意力放在向内求、向内看的人，更关注自己的精神世界，向往自由，摒弃规条。所以固定化、程式化、单调乏味的工作跟自我属性和追求相冲突，这可能是我感到焦虑痛苦、精神内耗最根本的原因。这种隐性的冲突是我的苦恼之源。

原野：你的感悟很深刻，反思和联系现实的能力也非常强，这可能源于你广泛的阅读积累和善于哲思的习惯，非常了不起。正如你所说，你的性格偏好、兴趣追求等确实与实际工作、生活有较大的差异，但该如何解决呢？

空谷：这是一个好问题，以前我从来没有思考过。从本质上来说，我自己主动选择了金融专业和银行工作，但内在的我却与之存在着潜在的冲突。其实我是喜欢金融专业和银行的工作的，喜欢研究理财业务和产品设计，只是对于现在的收银岗位和前台服务有些抵触情绪。但掌握银行流程、了解客户需求等这些基层工作经历又是银行工作中最基本的，对这些基层业务的体验也是非常重要的学习机会。所以，我应该选择用愉悦的态度和探索的精神去面对曾经被我认为枯燥乏味、没有意义的基层工作。

原野：是的，我们发现，**问题的解决往往不在于问题本身，而在于与问题有关的更深层面。**你发现了你的问题并非具体的现实问题，而在于更高层面的思维认知问题。

另外，我们可以利用 MBTI 测试继续深入探索自我，通过它来全面了解自己的性格特点、行为偏好以及决策方式，找准定位，挖掘潜能，让自己更好地融入生活和工作之中。MBTI 测试，即迈尔斯–布里格斯类型指标测试，是一种常见的心理测试，旨在帮助人们更好地了解自己的性格类型。测试包括 93 道测试题，基于内倾或外倾、感觉或直觉、思考或情感、判断或知觉等 4 项基本偏好，将人们分成 16 种人格类型（图 3-4）。

● **个体能量的流动方向**

| E 外倾：
兴趣和注意力直接指向外界客观事物 | I 内倾：
兴趣和注意力主要指向内心世界 |

● **个体获取信息的感知方式**

| S 感觉：
易于通过感官获得信息，重视现实 | N 直觉：
易于通过洞察联想、想象获得信息，重视事物的意义、联系和发展的可能性等 |

● **个体处理信息的决策方式**

| T 思考：
做决定时以事物的逻辑性和事物为依据 | F 情感：
做决定时以个人情感和主观因素为依据 |

● **个体与周围世界的接触方式**

| J 判断：
善于组织、计划，做事有条不紊 | P 知觉：
表现出好奇、乐于变化，为适应变化的环境而具有弹性 |

图 3-4　MBTI 的类型倾向图

空谷：我是INTP，即逻辑学家型人格。测试解读上说，我喜欢理论性的和抽象的事物，热衷于思考而非社交活动，安静、内向、灵活、适应力强。对于自己感兴趣的领域有超凡的深度解决问题的能力，对于自己感兴趣的任何事物都能寻求找到合理的解释。多疑，有时会有点挑剔，喜欢分析。我就是这样的人！

原野：通过这些自我认知的方法，我们可以对自我有更加清晰的认知。最后，我们做一个"人生三样"的心理测试（图3-5）。你在纸上写一下，你所拥有的最珍惜的、最重要的东西，譬如生命、健康、财富、友谊等，最多可以写十个。

思想、健康、爱、财富、友谊、工作、生命、亲人、书籍、希望

生命

亲人

思想

图3-5　人生三样

空谷：好的，我从来没有思考过这个问题，最重要的东西，这确实需要好好思考一下。

（最后，空谷写下思想、健康、爱、财富、友谊、工作、生命、亲人、书籍和希望。）

原野：好的，这些是目前你认为生命中最重要的东西。现在你需要认真审视一下它们，不断地划掉，最后剩下三样东西，也就是你生命里最看重的三样东西。你会做出什么样的选择呢？

（空谷纠结地做完选择。）

原野：我看你如此纠结，最后选择了生命、亲人和思想三样东西。跟我说说刚才的心路历程吧。

空谷：虽然这只是个测试，但这是我经历过最艰难、最痛苦的测试。我首先划掉的是书籍吧，其次是希望，因为我只能先顾及当下。再次划掉友谊，我是泥菩萨过江——自身难保了。从次是财富，钱乃身外之物吧，这个时候也只能放弃了。最后是爱，虽然知道它很重要，但毕竟相对抽象，所以舍弃。另外是工作，因为不得不放弃。除此之外，我在生命和健康的比较中很犹豫，但最终选择放弃了健康。如果生命都没有，健康也就无从谈起了。因此，我的人生三样是生命、亲人和思想。我觉得这可能就是生命中拥有的最有价值的东西吧。

原野：生命是生存之本，亲人是我们整个社会关系中最内核的部分，思想是我们精神世界的内容，这就是你在这个世界上最看重的、最有价值的东西。《淮南子》云，"**以小明大，见一叶落而知岁之将暮，睹瓶中之冰而知天下之寒**"，人生三样便是我们的决策依据，未来无论我们做任何选择，这三个维度都是我们最核心、最本质和最重要的决策要素。

空谷：确实，人生三样给了我全新的视角。之前我会更多地关注失去了什么、损失了什么，羡慕别人有什么，自我的欲望就会被撩拨起来，内心变得空虚沮丧、无助失落、焦虑愤怒，不珍惜现有的资源和关系，容易错过机会，影响正常的工作生活和人际关系，也对未来失去希望和信心。而当我将关注点放在自己拥有什么、掌控了什么、能享受了什么的时候，就会安住当下，感到快乐充实、感恩满足和阳光自信，幸福感就会油然而生，而且还引发一系列积极的变化，例如激发积极性和创造力，拓展人际关系，追求目标和梦想等，让工作生活变得更加充盈和有意义。

原野：果然是哲思小才子啊，理解的就是深刻透彻。当你把目光紧紧锁定在一件小事上，它就会如镜面般被无限放大，仿佛变成了一座高山。然而，当你转身看向人生百态、历史沿渺、宇宙广袤，再回望那件小事，你会发现它渺小得如尘埃一般。所以说注意力就是事实。

简约生活：提升幸福感知力的不二法门

空谷：当全面了解自我以后，我知道了未来职业生涯的定位和发展。对我来说，银行的产品设计部更适合我。等我完成基层岗位实习后，就努力争取调到这个岗位，并充分利用自己善于深度思考和综合研究的天赋。当然，现在的基层实习，让我能深入了解客户的消费取向、投资动机、需求愿景等信息，对未来工作很有意义、很有价值。一旦这样想，工作方面的倦怠感就减轻了很多，也感受到了工作的意义。

原野：非常棒，恭喜你获得成长。正如心理学大师阿德勒所说，**工作是人类与这个世界的三大链接之一，它很大程度上决定一个人的存在感、价值感和获得感**。职业生涯三叶草模型（图3-6）显示，把兴趣、能力和价值三个维度做交集，其中三者交叉的部分就是我们最为理想的职业岗位，它能让我们激

图3-6　职业生涯三叶草模型

发潜能、发挥优势和有所成就。

空谷：我梳理了一下生活，发现自己和很多人都是手机严重依赖者。工作一闲下来，就不断刷手机、看视频、玩游戏、逛淘宝，生活好像除了手机没有其他乐趣。而手机里的内容千篇一律、空洞无物，言情、搞笑、惊悚、逗趣、扮丑，等等，明明知道没有意义，却依然放不下。每次我看完手机，内心总有一种巨大的空虚感和倦怠感。有时候自己很难投入和专注地做事，好像记忆力和思考力也在减退。

原野：确实如你所说，当生活中充斥着网络垃圾信息、同质信息和刺激信息，我们的注意力过载，感受迟钝，内心失序，情绪容易波动，便会产生无聊、无助、迷茫、焦虑、痛苦等负面思维和情绪，让我们对生活感到迷茫和倦怠。此外，随着人工智能的发展，网络算法高度发达，各平台只会推荐你感兴趣的、你愿意看到的信息，久而久之，我们就陷入思维偏见和信息茧房，成为智能时代的"井底之蛙"。

空谷：信息茧房我听说过，它是由哈佛大学教授凯斯·桑斯坦在其著作《信息乌托邦——众人如何生产知识》中提出的。桑斯坦认为，信息茧房（图3-7）主要是指一个人按照自己的喜好选择关注的人群、信息等，形成独特的、狭隘的主观世界，也就是人们更倾向于关注感兴趣的领域，更乐于与志同道合的人交流，久而久之就被局限在人造的信息孤岛中，失去了多元辩证的思维弹性，就如同被茧房束缚的蚕蛹，也失去了成长和发展的潜能与机会。

图 3-7　信息茧房

原野：再次被你的知识储备所折服！确实，信息茧房影响着人们的认知思维，因为人们只关注自己熟悉、喜欢的领域，并持续强化，从而形成思维定式和视野盲区，强化了主观臆断的倾向，降低了辩证思考的能力，丧失了交叉创新的意识。此外，信息茧房还增强了群体极端化，同类同质群体更容易交流积聚。而当人们一旦打破茧房，接触到外部不同的认知观念，会产生极强的不适应性，情绪强烈反弹，爆发非理性行为和网络暴力。另外，信息茧房还淡化了社会链接，人们沉浸在自己的观念体系中，很难接受别人不同的意见和建议，观念狭隘僵化，行为封闭孤立，主动逃避和极端不认同现实社会和真实生活，损害情感联结和人际关系。

空谷：我也感受到太沉迷于虚拟网络所形成的信息茧房问题。前两天，我在看法国著名社会学家涂尔干的著作《自杀论》，其中写道，十九世纪末很多年轻人"**在某种意义上更多地切断了与社会的关联，陷入狭隘的世界里，容易用主观抽象的意见来判断整个社会，容易陷入自我世界中，搭建起一个狭窄的、思维像永动机一样永不停息的精神空间里**"。而今天，随着移动互联网的普及，很多像我一样的年轻人沉迷于网络世界，过度关注娱乐八卦等特定领域的信息，而对时事政治、社会热点等全方面信息产生理解偏差，而且很少参与社会实践，既缺乏有效的社会支持系统，又缺乏真实的社会实践检验，困在某一领域的信息茧房之中，割裂了与真实世界的链接。

原野：确实，**孔子说，"非礼勿视，非礼勿听"**。现在想来，还是很有道理的，可能在我们的意识层面认为不会受到影响，但潜意识的影响已经"随风潜入夜"了。

空谷：此外，我感受到工作中的任务越来越多，刚坐到工位上，各种各样的事情扑面而来，络绎不绝；生活中的琐事也越来越多，令人不堪其扰；房间里的物品越来越多，上大学留下的、上班以后购买的，有时打开橱柜门，东西哗啦啦地落下来。生活和工作的空间里都充满了东西，生活和工作的时间里都安排满事情，整个人过度充盈，紧张、焦虑，头都要炸了！

原野：物质带来的新鲜感和兴奋感往往是短暂的，而精神体验带来的幸福感则连绵不绝，因此简约生活，秉承"less is more（少即是多）"的生活原则，将成为人们追求内心幸福的目标和归宿。

空谷：我非常认同极简生活。**有人曾经说过，"通过物质获得幸福的时代已经结束了"。**

原野：你说得特别好，有时候倦怠感、焦虑感、无意义感和抑郁状态等负面思维和情绪与生活中物欲过度和节奏过快有关。很多人纠结于今天穿什么款式、什么颜色的服装和鞋子，今天拿什么东西，见什么人，做什么事情等，千头万绪，充满精神内耗。所有想法就像洪水一样涌进大脑里，让人无所适从，难以决断，只能原地打转。同时我们看到，包括乔布斯和扎克伯格等这些奉行极简生活的人，T恤只有灰色，房间只有床，极简的生活让他们可以将注意力投入最重要的领域。所以，**极简生活不是贫乏，而是精神的奢侈，是心灵的自由；极简是一种选择，是选择用更少的东西，过更有意义的生活。**接下来，我们用极简生活剃刀清单（表3-2）整理工作和生活，让生活变得简约而不简单。

表 3-2　极简生活剃刀清单

时间	事件	评估	剃刀
早上			
上午			
中午			
下午			
晚上			

空谷：一想到开启我的极简生活，突然间有种莫名的兴奋感。只有摆脱厚重的物质外壳，才能聚焦精神世界的体验和感触。昨天下班后，我拖着疲惫不堪的身体回家，偶尔抬头看见傍晚的彩霞，那么美，那么灿烂！我感觉自己已经好长时间没有认认真真地看看天空了。我发现生活太满了，自己像梦游一样，一直处于自动化的运行状态，之前的很多事情回想起来都毫无意义，而真实的自己已经麻木很久了！

原野：生活像梦游一样，其实是过度忙碌和精神紧张而产生的弥漫性的焦虑感。而静下心来，安住于当下，发自内心的感触和体验才是愉悦感和幸福感的源泉。**幸福的对面不是不幸福，而是麻木。**很多人全力以赴地追逐物质利益、毫无节制地感受着物质刺激，一旦停下来就会迷茫、倦怠，无所适从，感觉也开始钝化，情绪和感受也慢慢变得麻木，甚至失去了感知世界的能力。因此，增加对幸福的感知能力，是人们追求幸福感最重要的基础。

有时候，我们认为的那些能给我们带来幸福感的事情，其实掺杂着麻烦和困扰，例如买房买车、升职加薪等。买房子后，我们紧接着面临着装修、搬家等事项，让我们焦头烂额、心力交瘁；升职加薪后事务更多了、责任更大了，同样也需要耗费我们更多的时间和精力，让我们疲惫不堪。生活中有很多小而确定的幸福，我们却视而不见。小确幸是真实的、确定的，是可以被我们当下感知的，因此把握和感受生命中的小确幸既是感知幸福的方法，也是提升幸福感知能力的途径。我们可以每天记录下自己所经历的小确幸事件，让我们提升对美好幸福的感知能力。

空谷：这真是一个好办法。有一次，我们银行组织了一个主题为"发现生活的美"的摄影活动，鼓励大家用手机探索身边的美，应该就是探索视觉维度的小确幸。有的同事拍了一张西瓜皮的花纹，有的朋友拍摄家里的多肉植物，有的同事拍天上的云彩，甚至有个同事拍下单位门口大理石的微观花纹。当这些照片被放到大屏幕上，我真的被震撼了。没想到我们身边还有这样美的一些东西，但我们却发现不了，感受不到。

原野：其实身边处处都充满着美好，但我们却选择视而不见。让我们从混乱的生活中解脱出来，享受极简生活，心怀感恩和敬畏，带着感动和觉知去观察我们的世界，用一颗童心去感受，用一颗好奇心去探索，关注细节和情感，将注意力与我们的亲人、环境、工作、大自然等深度链接，这些触动情感、打动心灵、陶冶生活的美好才会显现出来。

此外，我们可以用静心辨声法提升听知觉的敏感力，这也是训练幸福感知能力的方法。

在室外找一处地方，站立，深呼吸三次，让自己迅速进入一个安静的状态，这时候充分打开我们的听觉。在室外嘈杂的环境下，你能分辨听到了多少种声音？有多少种鸟叫？有多少是人发出来的声音？有多少是车辆、物品撞击等其他的声音？声音从哪里传出来的？它们持续了多长时间？它们是短促的还是悠长的？静心辨声法能训练我们感知当下声音的能力和状态，提升对环境的感受能力和链接能力。

马上行动：预备—开火—瞄准，让行动启动美好生活

空谷：我总感觉特别累，但好像又没做什么实际的事情，

每天都有很多事情在头脑里不停地盘旋，但真正行动起来却很难。面对工作任务和项目选择，我的头脑里充满了各种声音，争吵着、分析着、质疑着，让我无法做出决定，举步维艰，非常痛苦。同时，我总想这样做会有什么样的结果，需要自己准备什么，有什么样的风险，怎样才能避免潜在的损失。越想思绪越乱，越想问题越多，越想越迷茫，怀疑自己，感觉困难重重，总是让事情拖延到最后草草了事。之后，我又开始自我怀疑，整个人像深陷沼泽一样，被无力感、无价值感、无意义感等负面感觉和情绪束缚着手脚，越陷越深。

原野：我理解你的感受，纠结的"心累"，甚至比身体上的劳累更容易消耗人的精力。多思多虑和反复纠结一般反映出人对事物认真负责的态度和要求完美的个性。但过度思考会让人陷入分析瘫痪和思维停滞，难以做出决定，一方面拖延任务的完成，另一方面也会让自己纠结痛苦、精神疲惫，信心受挫。**这个世界上没有完美的解决方式，每个决定都是一次成长的机会，行动的力量远比想象的困难要强大，只有尝试着接纳不确定性，学会在矛盾中找到平衡，马上行动和迅速执行，才是解决纠结痛苦最好的良方。**

空谷：是的，我突然想起自己刚入职一个月，被要求独立去找一位大客户的经历。在去之前我反复想着各种方案，各样情况，对方怎样质疑我、猜测我、拒绝我，各种思绪交杂，使我一宿都没睡，甚至打算放弃这次见面了。但第二天我硬着头皮去会面，令我没有想到的是，我们的谈话非常友好融洽，签约也非常顺利，曾经那些负面的想法瞬间烟消云散了。**累死人地猜想，不如直接行动。**但即使明白这些道理，也有成功的体验，焦虑担心的想法也总是萦绕在心中，怎样都驱赶不走，给我带来挺大的困扰。

原野：**一万次心动不如一次行动，行动是治愈多思多虑的良药啊！**当然，面对任务的习惯性忧虑也是人之常情，特别是任务重大或者对自己影响重大的时候，我们接纳这种忧虑、担心的想法也是非常重要的。多思多虑是人类在漫长的进化过程中，赋予自我的一种保护机制，时刻提醒着我们生活工作中可能会遇到风险和损失。正如迪斯尼经典动画片《疯狂原始人》中的爸爸"瓜哥"，总是畏首畏尾，过分担心，制定各种规则，不让孩子们有一点出格之处，坚信"永远不要忘记恐惧，是恐惧让我们生存下去"的人生信条。可能在真实的荒野时代，只有那些谨小慎微、怯懦自保的原始人，才能真正生存下来，于是这种拥有不安全感、重要而宝贵的基因被一代一代地遗传下来，成为一种本能。

但今天的社会环境安全和谐，焦虑、担忧的本能反而束缚我们的成长和发展，因此我们需要学会即使心生恐惧，也要马上行动。同时从理性的维度，深刻认识到日常生活中的焦虑多思确实是"杞人忧天"。

空谷：我原来一直抗拒焦虑和多思多想的状态，现在我需要学习、接纳它，允许它在我的思想里存在。不过，有什么样具体的、实操性的方法能减轻焦虑感受吗？

原野：**俗话说"事实胜于雄辩"**，担心的结果没有发生，可能是缓解和消除多思多虑最好的武器。我们可以用"担心储蓄罐"的方法，帮助自己拔掉日常生活中过分担心的"毒刺"。首先准备一个罐子，可以用一般的储钱罐或者饮料瓶。当你有某种担心的时候，就把它写下来，并投到罐子里去。例如客户可能对我不满意、经理可能会批评我等，把这些想法从大脑中提取出来，写到便签上，投到"担心储蓄罐"里。等一周、两周或者一个月，你拆开罐子里的便签，可能会发现曾经的这些担心几乎都没有发生，其实是自己多虑了，甚至你还会笑话自己当时为什么会有如此担心，给自己凭空增添烦恼。如此反复训练，未来的你可能发现我们关于生活、工作的担心，大多数都是"杞人忧天"。这种用事实说话的方法就是在观察自己，察觉自己的想法、思考和恐惧，把它们放到高倍显微镜下分析，清晰地看着它们给自己带来的实际结果。不断反馈的认知训练能帮你缓解过分紧张、过度担忧的情况。

空谷：这个办法挺有趣的，可以将我的担心具体化呈现，一方面把担心从大脑中提取出来，减轻了内心的纠结，另一方面把担心具体写下来，再核对它，可以理性地看到担心的荒谬。果然思维坚韧是行为启动的前提。

原野：是啊，著名哲学家斯宾诺莎曾说，"任何增强、削弱、限制和扩大心灵行动力的事物，同样也能增强、削弱、限制和扩大身体的行动力"。

我们总认为，应该在分析思考后再行动。但美国领导力专家约翰·科特在《变革之心》中阐述的行动逻辑是，看到真相，拥有感觉，产生变革。行动不是源于理解，而是起于感觉。想法产生感觉，感觉产生行动，行动产生结果。唯有行动才是我们内心世界和外在世界联通的桥梁。因此，面对恐惧的时候要马上行动，没有心情的时候要马上行动，感觉不舒服的时候要采取行动，感觉不方便的时候要采取行动。总之，行动是治愈一切的良药。或许我们可以尝试"预备—开火—瞄准"的行动方法，让我们马上行动，克服纠结和拖延，让生活更加充实和有意义。

空谷："预备—开火—瞄准"，这明显不符合逻辑啊！应该是"预备—瞄准—开火"才对啊！

原野：你的逻辑没有问题，"预备—开火—瞄准"的方法只是强调先行动起来，然后在做的过程中不断调整和优化，在实践中不断学习和改进，而不是在空想中消耗精力。**因为**

只有疯子才相信自己为将来发生的一切做好了十足的准备，任何事物的发展轨迹都像一条河流，蜿蜒曲折，你只有到达下一个转弯处，才能看到更多河流下游的景色。

首先，"预备"阶段是关键。你需要调整心态，做好基本准备后就要开始行动。这包括清除杂念、设定明确的目标和计划、激发动力等，帮助你集中注意力、提高专注力，从而更好地进入状态。接下来是"开火"阶段。一旦你准备好了，就勇敢地迈出第一步。不要担心进度慢或者成果不够完美，重要的是你开始了行动。你可以尝试制定小目标，设置一系列小成果作为行动改变的里程碑。因为**每一个优秀的教练都是缩小改变幅度的大师**，小胜利可以让行动者完成目标的难度降低，而不是一想到目标就让人望而却步。同时，小目标的实现会让我们有与距离目标越来越近的感觉。此外，不断实现小目标的自豪感和自信心交替作用，形成良性循环，让行动者有轻松取胜的愉悦感，更愿意继续行动。最后是"瞄准"阶段。在行动过程中，你需要不断调整方向，确保始终在正确的轨道上前进，这需要具备清晰的目标感和判断力，通过反馈和总结来评估自己的进度和效果，及时调整自己的行动计划和方法。

空谷：这种方法鼓励我先踏入一只脚，行动起来。比如烹饪，如果按照传统方法，我可能会先买一堆书回来研究，制定一个详细的菜谱和做菜流程，然后发现太费事或者自己根本做不好，就直接放弃了。而按照"预备—开火—瞄准"的方法，我只要准备好食材，看看做菜的流程，就能直接开始炒菜了。无论最后味道怎样，那都是劳动的滋味，之后我再调整手法和火候，熟能生巧，关键是马上开干！

原野：是的。行动还能激发积极的情绪，提升我们的技能，让我们学习新知识，体验新感受，拥有实现目标的自豪感，激励我们继续投入挑战和追求更远大的目标。

高感人生：拥有"七十二变"的多彩生活

动物一生的"坐标"是生存与繁衍，而人类与动物的不同在于，除了生存与繁衍，还有一个非常重要的"坐标"，那就是意义。一方面，人类有发达的大脑皮层，具备思考意义、价值和未来的生理基础；另一方面，语言、价值观、人际关系、科技等文化属性，如同丰富的意义宝库，给予人类在漫长历史进程中的精神滋养和文明引领。事实上，当我们失去了对生命意义的探索，就会陷入虚空、孤独、迷茫、百无聊赖的状态，也就没有办法承担生命的责任，会产生严重的生存危机。

奥地利心理学家维克多·弗兰克尔说："生命的意义在于

每一天、每一个人、每一时刻都有所不同，重要的不是生命之意义的普遍性，而是在特定时刻每个人特殊的生命意义。"德国哲学家尼采也说过："自己的行为产生的后果，总会以某种形式与日后发生的事情产生联系。哪怕是遥远过去的人们的行为，也与现在的事情有着或多或少的联系，一切行为和运动皆为不死的，所有的人，所有行为，即使是最微小的行为，也是不死的！"因此，拥有高度感性的人生，提升感受当下的能力，洞悉现在与未来的联系和平衡，学会寻找和赋予生活的意义，将让我们在平凡琐碎的日子里体验更充盈、更幸福的生活。

美国著名未来学家丹尼尔·平克在《全新思维》中预测，"社会正从理性时代走向感性时代，右脑将在人类未来社会中发挥更卓越的价值，具有创造力、同理心，能观察趋势，以及为事物赋予意义的高感性人群将成为未来世界的主人"。高敏感的人善于观察趋势和机会，如同灵敏的雷达，能捕捉人与人之间最微妙的细节和情感。他们的大脑仿佛是一块超级海绵，能吸收并处理更多的信息，而这些信息在他们的内心世界中交织、碰撞，创造出优美或感动人心的作品，编织出引人入胜的故事，将看似不相干的概念结合，进而转化为新事物。他们具有同理心，能观察趋势，熟悉人与人之间的微妙互动，懂得为自己与他人寻找喜乐，以及在烦琐俗务间发掘意义与目的的能力，能从混沌中看到别人看不到的美，能从寂静中听到别人听不到的旋律。

正如空谷的咨询过程一样，我们不断探索和提升对生活工作的高度感性能力。针对他的职业压力，我们用空闲时间分配法和肌肉渐进放松法去缓解；对于现实选择困扰，我们通过西西弗斯的哲学思维、情景扳机和巅峰体验来处理；在自我认知的维度，我们通过自我认知九宫格、人生三样和迈尔斯-布里格斯类型指标（MBTI）人格测评来梳理总结；面对繁杂的生活，职业生涯三叶草模型、信息茧房、极简生活、小确幸记录法等理念和方法能给予他极大启发；徘徊于现在与未来的迷茫，我们通过以终为始的理念、理解人生状态和感受心流等方式来帮助他实现理解和觉醒；最后，我们通过忧虑储蓄罐，消除行动障碍，采用缩小改变幅度等方法，推动其马上行动。高度感性的人生，是深度理解生活意义的人生，是广泛参与生活实践的人生，是积极行动、体验生活的人生，由此而活，意义和价值便油然而生。

CHAPTER 4
第四章

阳光抑郁：
表面开朗而内心痛苦的我，
找回心安理得的快乐

世上存在着一种不能流泪的悲哀，这种悲哀无法向人解释，即便解释了，人家也不会理解。

——村上春树

世界很美好，只是我不够好

乐琪是一名外语学院的女大学生，我很早就认识她。她身材高挑，面容清秀，性格阳光开朗，还能歌善舞。乐琪英语也非常厉害，曾经代表学院参加省级的英语演讲比赛。在很多同学心目中，她是天之骄子般的存在，如果不是这次心理诊断风波，我很难想象，会和她以心理咨询师与来访者的关系谈话。有时候不得不感慨，人生真是境遇无常，充满着戏剧性。

一天，学院辅导员李老师走到我的办公室，神色慌张地说："原野老师，我们班有一个女生，在医院做心理测评，被诊断为重度抑郁了，你看这怎么办啊？"我先简单了解了一下情况，明确心理测评的时间、是否为正规医院的临床诊断等就医细节，之后，我决定和乐琪见一面，一方面评估一下她目前的精神生活状态，另一方面也想通过心理咨询给予她力所能及的帮助。

那天，阳光透过窗棂，洒在咨询室浅蓝色的沙发上，营造出一种温暖而宁静的氛围。门轻轻开了，乐琪静静地走了进来。她穿着一条浅色的绿裙子，脸上挂着浅浅的微笑，略显尴尬和局促，清秀的面容上难掩憔悴和疲惫，眼神中也透露出一种难以言说的痛苦和挣扎。我把她让到咨询室的沙发上坐下，便开启了我们的心理咨询之旅。

乐琪：原野老师，很抱歉让您担心了！平日里，您一直都支持我、认可我和鼓励我，给了我莫大的关照和力量。没想到今天，因为心理问题来找您，您会不会认为我心里有病，认为我再也不是曾经那个阳光优秀的乐琪了呢？

原野：从你大一来到学校，我就看着你一路成长，无论是综合素养，还是专业能力，你都给我留下了非常好的印象。今天，你能鼓起勇气到咨询室找我，我也非常感谢你对我的信任。**每个人都有脆弱的一面，如果敢直面问题，那你就是生活的斗士！**生活的烦恼和心理的困惑都不会改变你在我心中的样子，你一直都是阳光善良、卓尔不群的乐琪。

另外，做心理咨询并不是治疗疾病，而是让你和经验丰富的咨询师一起面对问题，分析现状，认真反思，总结教训，获得生活智慧和经验的过程。**心理咨询是一种高级的精神享受，它更像是一面镜子，帮助你更清晰地认识自我、开发自我和激励自我，塑造独一无二的个性认知。**同时，它也像是一把钥匙，通过心灵沟通来打开你内心深处那扇紧闭的门，了解自己的真实情感、动机和需求。正如哈佛大学咨询心理学博士岳晓东所说，"心理咨询给人登天的感觉，获得一种顿悟的巅峰体验"。

乐琪：谢谢您！其实对于心理咨询，我有很强烈的羞耻感，听了您对心理咨询的诠释，我有些释然了。

在大家眼里，我是一个阳光自信、快乐无忧、能力优秀的人，但真实的我，其实是一个敏感自卑、情绪抑郁的人。无论是在学校还是在朋友圈，只要在公共领域，我就会表现出阳光快乐的状态，总是尽力展现最好的一面给大家。我组织活动，参与志愿服务，也是带着灿烂的笑容。公开的场合，我竭尽全力做大家的开心果，希望能给所有的朋友们带来欢笑。我有很强的同理心，善于倾听，总是尽力去理解别人。我不善于拒绝别人，不希望让人失望，哪怕自己委屈一些也要成全他人。当然别人对我挺好的，给我挺高的评价，但这一切好像没有给我带来快乐和满足。每当我独自一个人的时候，就会感到一种难以言说的痛苦、空虚和孤独。

首先是生理上的痛苦，我总是头疼，胸闷，心慌，没有食欲，特别是失眠。我好几天没有睡觉了，每天早上起床都需要用尽全身的力量和鼓起很大的勇气，这种痛苦就像千斤重担一样，让我疲惫不堪。另外，我对生活和学习都没有动力，做什么事都提不起兴趣，也感觉没有任何价值。此外，我的情绪总是特别低落，不知道为什么就哭了起来。**世界这么好，只是我不够好！如果我消失了，可能世界会变得更美好吧！** 我强打精神去医院检查，精神科的大夫让我做心理测量表和脑电波测试，说我是重度抑郁，嘱咐我一边服药，一边找心理咨询师做咨询。我特别害怕同学们知道我得了抑郁症，每天都是独来独往，中午都害怕回宿舍，服药也只能偷偷地在外面吃。

原野老师，我有时很困惑，明明自己性格阳光开朗，为什么也会变得情绪低落、精神抑郁呢？这么多天我一直强忍着，身体状态都不好了。你看，我是不是特别瘦啊！有时候我自己摸着肩胛骨，都感觉硌得慌。

乐琪跟我述说着抑郁状态给她带来的巨大挑战和痛苦。在叙述的过程中，她四次落泪，我能感受到她羸弱的身体支撑着重度抑郁的精神状态，这给她带来了巨大的压力。我又重新给她做焦虑和抑郁情绪的评估，使用贝克抑郁量自评表测试和 SAS 焦虑量表测试，抑郁量表评分 42 分，呈现重度抑郁；焦虑量表评分 64 分，呈现中度焦虑。

与人们对抑郁状态的印象不同，乐琪是一名阳光抑郁的受害者。阳光抑郁，是抑郁症状的一种类型，也称为"高功能抑郁"或"微笑抑郁"，是指那些外表上看起来阳光乐观、积极主动，甚至充满活力的人，实际上却佯装快乐，内心经历着抑郁症状的矛盾冲突，痛苦不已。

阳光抑郁的人充满着矛盾，主要体现在：第一，表面乐观和内心痛苦的矛盾。这些人表面上看起来积极向上，总给人一种乐观的感觉，但实际上他们内心充满了痛苦和挣扎，经常感到无助、绝望和失落，甚至有自杀的念头。第二，表面人格外向型和深层人格内向型的矛盾。他们通常在外人面前表现得开朗、乐观和自信，善于社交和组织活动，但实际上他们仅仅是努力让自己看起来很坚强，不愿意让别人看到自己的脆弱，对自己产生负面评价，觉得自己不够好，无法达到自己和他人的期望，因此内心深处常感到孤独、无助和焦虑。第三，外在高成就感和内在低能量状态的矛盾。很多阳光抑郁患者往往对自己有很高的标准和追求完美的倾向，在学业、事业或社交等方面拥有较高的成就，但内心能量状态较低，面对高期待的压力，行动情绪调动困难，因为害怕犯错和达不到期待，不得不拖延、放弃，有挫败感和自我怀疑，同时巨大的压力和孤独感常常让他感到无法承受。第四，外在健康性和潜在危机性的矛盾。因为阳光抑郁不像典型抑郁症那样呈现出明显的生理、情绪和意志等症状，所以外在健康的身心表象掩盖了焦虑、失眠、食欲不振等糟糕的身心问题。长期如此，阳光抑郁群体可能因内心痛苦而丧失对生活的兴趣和热情，因孤独和疏离而无法信任他人和获得社会支持，以及因情绪不稳定而影响工作、家庭和社交关系等。

从某种意义上说，**抑郁本质上是一种对于能量耗竭的自我调整。**由此看来，乐琪用尽全身的能量去支撑着自己展现阳光乐观、积极主动的外在表现，而她身处黑暗孤独、痛苦抑郁的无力感症状，便是其能量心力"油尽灯枯"后，身体机能的自然呈现。

了解了基本情况后，我和乐琪的咨询对话由此展开。

懂事的孩子，什么事情都自己扛

乐琪：这些年来，我好像一直带着微笑的面具。在别人眼里，我是阳光乐观、积极主动的女孩，但在面具之下真实的我，是孤独、消极、痛苦无力、自我沉沦的。在别人面前，我假装很健谈、善于交往、博学多闻，但真实的我，特别是一个人静静待着的时候，是非常麻木、消极的。在大学课堂上也是这样，别人看到的我，积极和老师互动、成绩优异、激情四射，而没人知道我内心消耗着巨大能量，支撑着这份"面子"，整个人仿佛被撕裂。

原野：你什么时候开始有这种带着微笑面具，以隐藏和掩饰失落抑郁的情绪呢？

乐琪：这种感觉好像是与生俱来的。小的时候，妈妈就教导我，要懂事，要听话，要有礼貌，要表现积极，这些话慢慢融入我的血液里。只要在人群里，无论自己多么痛苦、愤怒和悲伤，总是自觉或不自觉地呈现出微笑、乐观、一团和气等美好的样子，向世人展现我善解人意、乐观上进的"人设"。它慢慢地变成了一种自动化的行为，甚至不受我的控制。我记得有一次，室友偷偷抄袭了我的课程论文，老师因为文章雷同，给我的成绩也是不及格。当时我非常气愤，感觉老师没有调查就直接下论断，太不公平了！当时我心里像装着一个马上引爆的炸弹一样，有一种巨大的冲动要大喊大叫，要强烈愤慨地表达不满。但走到老师办公室以后，我突然间将极大的愤怒压抑到心底，微笑着听老师解释，最后还礼貌地表达理解老师的做法，希望未来再给自己成长的机会，谢谢老师关照。走出办公室后，我痛恨自己的无能和懦弱，没有为自己争取到应有的权利，为此痛苦了很长时间。

原野：你的感受我能理解。因为在很多人看来，微笑是我们公众交流中表达友好和善的必备面孔，所以会自然或不自然地压抑和掩饰一些负面情绪，但像你这样，任何时候都展现出友善的一面，真的很辛苦。

乐琪：确实是这样的。前两天，我在杂志上看到这样一句话，"成年人的崩溃，是一种默不作声的天崩地裂"。平日看来，我神采奕奕、健谈进取等，但其实内心的痛苦和抑郁一直在积累。我有时候特别害怕自己坚持不住，突然崩溃了，在公共场合下大喊大叫、摔门拍桌、歇斯底里，这是多么丢人的事啊，想想都没脸活着了！

原野：其实，每个人都有自己的处世之道，这些原则可能源于家庭教育、老师告诫、影视书籍、自我经验等。回溯这种阳光抑郁的双面人生，你觉得可能源自哪里呢？

乐琪：我感觉从小到大的家庭教育，可能是最主要的原因吧。总体而言，我是一个听话懂事的孩子。小的时候，妈妈要求我善解人意，乖巧懂事，在家里要跟不熟悉的人打招呼，要有礼貌，否则就是情商低、性格不好、不懂事，会被别人说三道四。我记得八九岁学钢琴时，我既不喜欢钢琴，更不喜欢那个钢琴老师，他非常严厉，非常刻薄，表情严肃，一脸冰霜的感觉。但是妈妈依然每天送我去他那里练钢琴。在我的记忆里，学琴特别累，特别烦，也特别痛苦，但妈妈会用她的原则"教育"我，比如弹钢琴会让一个女孩子变得非常优雅，即使不喜欢也要坚持，妈妈这样做都是为你好，等等。时间长了，"乖巧懂事"成了我身上的标签，而自己真实的感觉渐渐被忽略、压抑，阳光乐观的面具仿佛永远摘不下来了。

原野：太听话、懂事的孩子往往活得不快乐，长大以后也会有很多烦恼。懂事、听话、顺从是很多中国家庭对孩子的要求和期望。具体而言，父母把自己的想法、经验、判断标准等内容以"为你好"的借口强加给孩子，却不知道这样会压抑和掩藏孩子真实的情绪和情感，也阻碍孩子内在自主的成长动力和思想认知体系。美国社会心理学家库利和米德的"镜像自我"理论告诉我们，孩子把他人当作一面镜子，通过他人对自己的表情、评价和态度来了解和界定自我概念（图4-1）。正如库利所说，"如同我们在镜子中看到我们的脸、身材和衣服，并对它们感兴趣，因为它们是我们的一部分。所以在想象中，我们在另一个人的头脑中感知到对我们的外表、方式、目标、行为、性格、朋友等的一些想法，并受到

图4-1　镜中自我

不同程度的影响"。

接下来，选择跟你亲近、你受对方影响最大的四个人，分别梳理一下他们是如何要求和看待你的。你可以通过他们心里的镜像看到自己，特别是你在公众面前的样子。

乐琪：妈妈对我的要求和期待是，要阳光开朗、乐观积极，要努力、坚持，要听话懂事，是妈妈的乖乖女和暖心宝宝，别给家人丢脸，让家长省心等。爸爸对我的要求和期待是，要努力拼搏，做事严谨、一丝不苟、尽善尽美，别太脆弱，别情绪化，别一点小事就耍脾气，要成为成功人士，过人上人的生活，情商要高，少出风头，多说拜年话，别一点事就跟人起冲突等。辅导员对我的期待和要求是，你非常优秀，坚持下来可以申报省级三好学生和优秀毕业生。我非常看好你，这次有机会冲击全国英语演讲比赛并拿到奖项。你是班级干部，要以大局为重，别耍小性子。你是优秀学生代表，关键时刻你要挺身而出，要承担重任等。闺蜜对我的评价是，你太优秀了，你太有责任心了，每次我有困难的时候，你总能帮助我，你太好了！你人缘非常好，跟什么样的人都能交往，非常羡慕你。你有耐心，能容忍所有的事情。善解人意，理解他人，有很强的同理心等（表4-1）。

原野：通过你的描述，我看到了一个坚强、懂事、追求完美、优秀的女孩，但这不一定是真实的你，你长期生活在父母、师友等重要社会关系给你设定的认知环境中，在别人的镜子中收集"自我"的碎片，好像还没有形成完整的、真实的自我概念。这或许是你得阳光抑郁症的重要原因。**很多人认为抑郁是心理太脆弱，其实真相恰恰相反，内心抑郁是因为太过坚强，耗尽内在能量的结果。**

表4-1 "他人眼中的自己"的汇总表

妈妈	爸爸	辅导员	闺蜜
要阳光开朗 要乐观积极 要努力、坚持 要听话懂事 成为乖乖女和暖心宝宝 别给家人丢脸 让家长省心	要努力拼搏 做事严谨、一丝不苟、尽善尽美 别太脆弱、别情绪化 别一点小事就耍脾气 成为成功人士 过上人上人的生活 情商要高，少出风头 多说拜年话 别一点事就跟人起冲突	非常优秀，可申报省级荣誉 非常看好你，可冲击全国奖项 是班级干部，要以大局为重 别耍小性子 优秀学生代表，关键时刻要挺身而出 要承担重任	太优秀 太有责任心 总能帮助人 人缘非常好 有耐心，能容忍所有的事情 善解人意，理解他人，有很强的同理心

乐琪：确实如此，他们对我的期待和要求，让我内心特别痛苦和疲惫。我总想全力以赴做好所有的事情。小时候，爸爸在外地工作，很少回家。妈妈也经常早出晚归，忙得不亦乐乎。于是我承担起学习、做饭、家务等所有事情，甚至有时父母闹矛盾，我也想办法左瞒右劝，尽可能调和他们的关系。在他们眼里，我就是人人称赞懂事、优秀、让父母放心的孩子，但我熬夜复习，面对冲突隐忍的委屈、独自走夜

路的恐惧孤独等所有的不安和痛苦，都是一个人扛下来的。

原野："懂事"除了听话、服从，还有一层含义是不让家人操心，**努力承担更多的家庭责任，而不考虑自己是否有资格和有能力。**德国著名的心理疗愈大师海灵格曾说，"**家庭成员的序位很重要，父母要做父母该做的事，孩子要做孩子该做的事，家庭序位的失调和混乱会带来家庭成员心理问题**"。因此，当懂事的孩子承担着超过自身能力的责任，如保护家庭成员的安全、协调父母关系等问题，就会思虑过重，将自己封闭在沉重的内心状态中不能自拔。而当自己遇到困境时，他们往往会失去向外求助的内在动力和主观能动性。

乐琪：您说得对，有时候我确实很难分清边界，不知道自己是否应该承担这个责任和义务，所以也很难拒绝，不由自主就承担了所有。

原野：**阿德勒心理学指出，人生事务的边界在于"谁为事务的结果负责，就由谁来承担事务的责任"。**因此，秉承这一原则，我们可以清晰地分清哪些是我们的责任，哪些是父母和朋友们的责任。我们勇于承担应该承担的责任，而对于不应该承担的责任，应该划出明确的界限。对于不是自己分内的职责，或者中肯地拒绝，或者提供力所能及的帮助。

乐琪：这条原则太棒了，没有边界感，我承受了太多的委屈和纠结，身体和心理都已经筋疲力尽。

其实，这次我去医院做心理测评也是事出有因。大学填报志愿，我并没有报英语专业，因为我高中期间英语就学得有些困难。但最后因为服从调剂，所以鬼使神差地被调剂到英语专业。因此，面对不擅长的英语专业，我的学习压力很大。然而由于从小到大争气要强的性格，我逼着自己拼尽全力，几乎每天都学到宿舍熄灯，结果身心疲惫。在此期间，父母很少联系我，偶尔联系时我也是报喜不报忧，怕让父母担心。从小自立的我没有什么朋友，也没有沟通、倾诉等释放压力的习惯，所以这种状态一直积累着，我感觉自己都快病入膏肓了，而班级一个男生的追求，成为压倒我的最后一根稻草。

按理说，大学里的爱情对于大多数的女孩子来说，是一种甜蜜和向往。而对于我来说，自己苍白和孤独的人生经验中就没有男女交往这回事，爸妈也要求我大学期间不能谈恋爱。所以，男孩子的追求让我不知所措，苦恼万分，而且由于我的成长经历中又没有求助和咨询的经验，我那颗极度疲惫和敏感的心终于崩溃了，一下子让自己陷入重度抑郁的状态之中。

原野：这段大学历程，我们都看到了你的努力和优秀，但你却承受着这么多的压力和困难，你受苦了。**懂事的孩子会给父母一个虚假的印象，孩子一切都好，什么事情都自己**

扛，无须给予关爱和指导。父母可能因为孩子的懂事，在自己的工作和休闲上花费更多的时间，而忽视对孩子情感交流和经验方法的教育。懂事的孩子却会因为缺乏日常生活常识的教育和指导，让自己处于各种困境之中。个体心理学创始人阿德勒曾指出，若一个人在面对棘手问题时，感觉自己无能为力，由此产生的情绪就叫作自卑情结。当孩子的自卑情结持续发酵，超出一定的范围和阈值，孩子就会受到来自内在的心理伤害。你看，当你遇到学习和异性交往的困境时，没有建立起有效的社会支持系统，也缺乏主动寻求家人和朋友帮助的经验和动力，长期积累的焦虑和压力终于点燃了心理疾病暴发的"导火索"。

九分割统筹绘画法：虚无的夸赞，真实的创伤

乐琪：原野老师，你说的那句话我非常有感触，"在某种程度上说，抑郁的人不是太脆弱，而是太坚强。"从小到大这么多年，我一直坚持隐忍、自我加压，任何事情都不愿去麻烦别人，却总希望给别人提供更多的支持和帮助。这次是因为我实在受不了了，害怕再坚持就疯了，所以才到医院做心理检查，过来找您做心理咨询。

原野：我能理解你的感受。其实很多抑郁状态的来访者

都有共性，就是个性好强、听话懂事。但人生历程需要人们用辩证、发展和灵活的视角去看待现实生活。儿时的听话懂事，让你得到来自父母和亲友的鼓励和夸赞；曾经的独立好强，也会让你变得优秀和取得不错的成就。但现在你开始大学生活，这些曾经的品质和特征，反而可能成为你限制身心成熟和人生发展的障碍。因此，**在人生的不同阶段，我们需要因地制宜、因时制宜、辩证的处世之道。**

乐琪：是啊，我确实需要平衡的心态。回想自己整个成长的过程，虽然我总是乐观地面对生活、父母和公众，但心里其实一直很紧张，像一根紧绷的弓弦一样，总害怕什么事情做错了，和别人发生冲突，让别人不高兴，所以我努力成长为学习好、能力强、人缘广的全面发展的学生。另外，有时候我反思过往，好像有各种各样的心理创伤和感觉没有处理好，可能这些事情也让自己变得越来越封闭、越来越绝望和痛苦。

原野：好的，接下来我们尝试用九分割统合绘画法，将你成长过程中感觉非常重要的事件和场景呈现出来，让我们看到被压抑、被隐藏的关系、感受和历程。

九分割统合绘画法，也被称为九宫格，是一种心理投射技术，由日本心理学家森谷宽之创造。该方法将图画纸分割为九格，来访者以中间的格子为中心，按螺旋状的顺序，一

<u>格一格地绘画。</u>绘画过程中，来访者不受任何限制，可以自由地联想和表达，通过九个格子的绘画，使作品具有过程感、立体感和层次感，通过绘画表达完整的故事和情感经历，让来访者将自己的内心世界、情感、体验和认知等整合后投射到画面上，从而达到认知自我、释放情绪和呈现问题的目的。

乐琪用九分割统筹绘画法的心理技术探索自己的成长经历。她直接从二十四色彩色铅笔中选择了黑色，绘画过程仅用了一次红色铅笔，用它画了两个大大的"×"。乐琪大约十五分钟完成了九分割统筹心理绘画，并参照心理绘画的内容来讲述她的成长故事（图 4-2）。

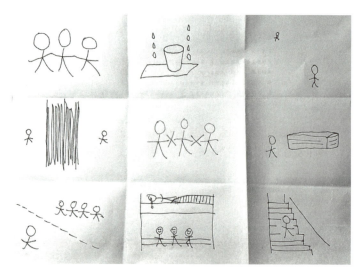

图 4-2 "乐琪成长故事"的九分割统筹心理绘画

乐琪：第一幅图，我画了三个小人手牵手。在上幼儿园之前，我感觉挺好的，能和其他小朋友友好相处，早期的记忆还是挺快乐的。

第二幅图，我画了一个杯子放在一张桌子上，旁边有两串眼泪。我那时上幼儿园非常晚，好像是从大班开始的，因为爷爷怕我在幼儿园里被欺负，所以我在家待到五六岁才去幼儿园。幼儿园里其他小朋友都互相熟悉，唯独我比较特殊，很难融入班级里，记忆中我总是一个人孤独地坐在墙角。另外，还有一件事的印象特别深刻：因为我年龄小，自理能力比较差，经常尿裤子。有一次，幼儿园老师把我关到厕所里，我在里面整整哭了半天。之后我去幼儿园的记忆就时断时续了。

第三幅画，我画的是两个小人一前一后，相隔较远。小学和初中阶段我都是孤零零一个人，和同学们几乎没有什么交往，自己也感觉格格不入。父母因为工作调动给我转了两个学校，我和同学的交往情况变得越来越糟。

第四幅画，我画的是两个小人，中间有一堵厚厚的墙。高中期间，我终于有个特别好的朋友，我们无话不谈，形影不离。但父母要求我报理科，而那个好朋友报了文科，因为分科的事，她不再和我来往了。那段时间，我经常一个人偷偷地哭，特别难受，可能从那时起，我就再也不想和别人建

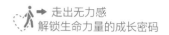
立紧密关系了。

第五幅画，我画的是三个小人手牵手，但用红笔在牵手的地方画了两个大大的"×"。高考后家人让我报数学和计算机专业，但这些专业没有录取我，我被调剂到英语专业，学起来特别吃力，但努力坚持着，总算是有进步。大学期间，我和同学们都是点头之交，再也不能建立起亲密的友谊。

第六幅画，我画的是爷爷去世的场景。自己远远地望着棺材，人说没就没了，内心充满着对死亡的恐惧。

第七幅画，我画的是四个小人在远处手牵着手，一个小人远远地看着，中间还画了一条阻隔线。经过拼命地学习，我在学业上有所适应，但一直没有和舍友、同学们搞好关系，看着他们成群结队地出入，我既羡慕又难过。

第八幅画，我画的是自己在宿舍的场景。舍友们坐在下铺谈笑，而自己一个人在上铺的围挡里哭，那种感觉特别的痛苦。

最后一幅画，我画的是一个人在教学楼的楼梯里。我中午不愿意回宿舍，只有晚上睡觉才不得不回宿舍。

原野：如果没有这次咨询，大家仅仅看到一个拥有阳光开朗性格和带着成就光环的乐琪，但是通过看你的九分割统筹的心理绘画，听着你描述它，我能感受到你深深的孤独恐惧和封闭痛苦的成长经历，而其中最突出的问题就是人际关系障碍。你的自我评价很低，没有价值感，感觉与同学们格格不入；怕对不起家长，特别害怕亲人师长为自己耽误工作，呈现出自责、自罪感强的状态。因为孩童时期，你没有抓住人际交往敏感期的训练机会，被种下没有安全感的"种子"，心门紧闭，再也没有勇气打开心扉尝试交友，主动选择了隔离封闭，几乎丧失了与人交往的能力。听着你的叙述，我无法想象你是如何经历这样漫长的孤独、封闭、恐惧和痛苦的生活。你这样一个身体赢弱的女孩，是如何坚强而勇敢地一路走来，并坚持至今的啊？

乐琪：谢谢原野老师的理解和支持！今天能和您比较畅快地倾诉，我非常开心。真诚地感谢您对我的认同。

原野：人际关系障碍造成的封闭孤独，对我们的身心健康有非常大的损伤。第一，长期孤独会损伤我们产生快乐的情绪和能力；第二，它还会对心血管系统和内分泌系统等生理功能造成严重损伤；第三方面，长期孤独是我们人际交往的"肌无力"病症，它让我们对自己和他人有着扭曲和苛刻的看法，既无法体会别人的感受，也无法寻求别人的帮助，让我们变得更加封闭、疏离、孤独而无法自拔。

乐琪：每当夜幕降临，我望着窗外熙熙攘攘的人群，心中总涌起一股难以言喻的孤独和寂寞。他们笑着、聊着，这一切仿佛与我无关。而当我试图融入他们，却总像是有一道无形的屏障。我像是身处被遗忘的角落，无人理睬。我总想拨通父母和闺蜜的电话，可号码输入进去，却没有勇气打出去。我怎么这么多事，这么矫情呢？我渴望被理解，被关心，被拥抱，但偌大的世界，我只是一粒渺小的尘埃，无人问津。

原野：**真正的孤独不是身边无人，而是心中无依；不是四处无人，而是无人能懂。**当我们处于孤独的境地，**可以开启人际关系"起搏器"的心理技术**明确定位、换位思考、改善认知，尝试助推行为，从而恢复人际社交"肌肉"的正常功能。

明确定位，指梳理我们的人际关系网。优先选择三个人，他们是跟你非常亲近、影响非常大，带来情绪价值非常高的人。注明他们的身份角色，以及为什么他们最重要。思考你希望他们给你带来什么样的支持，以及用什么方式可以获得这种支持等。

换位思考，是指假设自己处于他们的情境和视角中，进入对方的关系去感受，共情他人的人际互动动机和行为。从某种程度上说，关系越近，换位思考反而越欠缺，因为人们总自信地认为非常了解对方，但大多数情况下这是种自以为是的想法。换位思考，让我们练习同理共情，深化与对方的情感链接。

改善认知，指找到人际交往过程中的片面和委屈的想法。

正确的想法引发积极的情绪，积极的情绪触发主动的行为，主动的行为得到有效的结果。例如，摘掉人际交往中的有色眼镜，察觉和改变悲观看法、不胡乱猜忌、不假设推理，只相信事实，并积极主动联系那些让我们感觉良好的亲友。此外，**觉察和摒除自我拆台行为也是一种关键的认知改善。**我们在人际交往过程中可能存在自我拆台的行为，包括故意找个借口避免参加聚会活动，假装看手机避免交流沟通，回答问题太粗鲁、简短或者傲慢等，一旦察觉到自我拆台行为，应提醒自己马上摒除。

助推行为，是指我们主动采取一些促进人际交往的行为，如豢养小宠物，主动拨通好沟通的亲友的电话等，都有助于情感链接的恢复。

身心链接：唤起生命感受的觉醒力量

乐琪：很多像我一样处于阳光抑郁状态的人，总有这样的感觉——外在的世界阳光明媚，我们表现得积极主动、乐观，但这些都是装出来的，非常消耗心力。实际上，我们自己是孤独的，茕茕孑立，形影相吊，在幽暗的隧道里前行，没有亮光，没有伙伴，也没有尽头。我们不仅面临着抑郁症带来的折磨和痛苦，还要面对家人和朋友的教育、批评和指责，没有人能理解你，没有人能相信你，所有人都认为我们是在无事生非。这种四面楚歌的境地更让人痛苦和绝望！

原野：确实如此，很多来访者也有你这样的感受。其实每个人都生活在自己知识和经验的框架里，当遇到超出自己认知范围的事情，最自然的反应就是否定、拒绝和批判。心理学有一个概念叫作"知识魔咒"，就是指当人们过度依赖或迷信自己所掌握的知识和经验时，就会忽视知识的相对性和局限性，陷入指责、否定、忽视等片面和歪曲的思维定式，导致无法全面、客观和发展性地看待问题。因此，你需要通过交流互动，消除人际交往的障碍，让亲友们真正地理解你，认同你的感受，与你同感共情，陪着你一起度过这段孤独抑郁的时光，这是最好的和最有效的心理疗愈。

乐琪：我知道认同和共情的力量。有时朋友在关键时刻能真正认同我，充分理解我，这种同理共情的情感支持如阳光一样温暖，滋润着我阴暗抑郁、痛苦烦躁的心灵。但实际上多数情况下，我总是扮演着迎合者的角色，小心翼翼地行走在人际关系的钢丝上。和父母交流时，我总是选择沉默和隐忍，害怕自己的观点引起争执，于是迎合他们的期望，默认他们的要求，哪怕那并不是我内心真正的想法。和朋友相处时，我也总是迁就他们，尽量不去触碰那些可能引起冲突的敏感话题。其实，我也渴望真实地表达自己，但每次话到嘴边，我总会不自觉地咽回去。我害怕被拒绝，害怕被孤立，害怕成为那个格格不入的人。

然而这样的生活让我感到疲惫，慢慢地失去了自己真实的感受，像浮萍一样随水漂流，没有生活重心，没有精神归宿。我渴望摆脱这种束缚，找回那个真实的自己，但我又不知道该如何改变，如何拒绝那些我不想做的事情。这种心理困境常常把自己折磨得痛苦不堪。

原野：我理解你的心情和感受。**美国心理学家赫兰德·萨克森年教授告诉我们，成熟就是在表达自己情感和信念的同时，又能体谅他人的想法和感受。**因此，我们需要秉持双赢的人际交往原则，不能像之前一样处处、时时隐忍退让，因为这样的状态是一种你输他赢的状态，长此以往，被压抑的情感不断积累，曾经委曲求全、苦心经营的人设将对自己造成严重的心理创伤，或者用更加爆裂的方式呈现出来，如情绪爆发、怒而伤人，没有解决任何问题还让自己陷入被动局面。而双赢的人际交往原则，既敢作敢为，有勇气、有自信、有表达、有行动，又善解人意，能理解、能共情、能包容、能支持，双赢的人际交往原则让双方相互学习、深入互动、共谋利益。

接下来，我们以"敢作敢为的勇气"为横轴，以"善解人意的共情"为纵轴，描述出不同模式的人际交往原则

（图 4-3）。低勇气和低共情，即一种双输的人际交往模式，为两败俱伤型；低勇气和高共情，即一种你输他赢的人际交往模式，为隐忍利他型；低共情和高勇气，即鲁莽冲动型，往往好心办坏事，是费力不讨好的模式；高共情和高勇气，即一种双赢的人际关系模式，也是一种成熟理智的交际观。

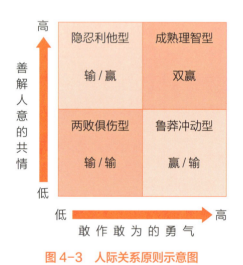

图 4-3 人际关系原则示意图

乐琪：通过人际交往原则，我清晰地看到，我从小到大都处于一种高共情和低勇气的状态，隐忍退让，一心为他人，到头来我自己抑郁痛苦，而别人也未必能感受到我的善意和忍让。我理解到，善良不是无条件的牺牲，而是需要勇气和智慧的，懂得何时给予、何时接受、何时拒绝，在理解和认同自己情绪的基础上再去温暖他人。

原野：你的觉察很重要。因为一旦你的人际交往模式发生改变，对方也会做出相应的改变。你的勇气，让对方重视你的情绪和利益；你的共情，让对方感受到温情，从而投桃报李。因此，和谐的人际关系一定是在互动中走向平衡的。

乐琪：我记得曾经读过这样一句话，"我们的每一次选择，都在塑造我们的世界；改变自己，就像投入湖中的一颗石子，虽小却能让湖水激起层层涟漪；选择理解，选择善良，选择成长，我们会发现周围的人也会随着我们的脚步变得更加温暖和包容。"不过，这么多年的压抑和隐忍，我仿佛失去了自己的情绪和感受，无论遇到什么事情，都是麻木的，高兴的事情淡淡地回应，痛苦的事情也呆呆地忍受。事情过后，痛苦纠结的我独自面对内心的抑郁与无力。

原野：抑郁状态的恢复和改善，除了调整认知维度，还需要在身体方面有所作为。人生最有价值的行为就是磨炼自己，我们需要在身体健康、精神滋养、智力发展和社会情感等不同维度获得平衡，多元协调，这对心智成长是非常重要的。

接下来，我们来做一下关于体验感受的身心练习。体验感受，是指个体在特定的情境或事件中，通过自身的感官、情感、认知等心理过程，对外部世界和内部状态产生的直观、主观的感受，强调来访者对自己情绪、身体反应、思维等方

面的直接感知。体验感受的心理技术遵循人本主义的原则，突出人的主观感受、经验、成长和自我实现的重要性，通过咨询师创造一个安全的、具有支持性的环境，帮助来访者直接和深入地体验自己内心世界的直接感受和理解，从而促进自我觉察、自我理解和自我成长。**体验感受的心理技术，让我们可以更自然、真实地链接身体感受，恢复身体的知觉功能，提升身心的协调性与平衡性，感受视觉、听觉、嗅觉、触觉和味觉这些最原始的体验感。**

现在我们来做练习。请打开一本画册，或者旅行杂志，或者一本自然风景的挂历，这些都是非常好的选择。打开它们之前，感受一下你的胳膊、臀部和腿，注意它们与你所坐的椅子、凳子或者沙发等物件的接触是一种什么样的感觉。再感受你的呼吸，环境的温度，身体的刺麻感、颤抖、饥饿、口渴、困倦等感觉，回归一种真实的感受，让这种感受真实地浮现出来。

首先我们看第一幅图片。请注意你对它的反应，是喜欢，还是讨厌，还是没什么感觉。它能带来什么样的体验感受，是美丽、炫目、神秘、奇怪，还是壮观？无论你的反应如何，请只关注你的反应即可。如果你的反应分成好几部分，请注意每部分反应分别是什么，并且停留几秒去感受这种反应。

同时反思一下，我们是怎么样知道自己对这幅图片的反应的。仔细辨认你看到这幅图画时的知觉体验。你感觉到的这种能量是在流动，还是突然卡住？流动的能量，是涓涓细流，还是惊涛骇浪？是缓慢的，还是快速的？它向哪个方向流动？这种直觉流动是否有一定的节奏呢？这时，你身体的某一特定部位是感觉到紧绷、自在、放松、酸麻、沉重，还是别的？请留意你的呼吸和心跳，注意一下你的皮肤有什么样的知觉感受。让注意力停留在直觉上几秒，看看这些知觉是否变化，它们是保持原样，还是慢慢变弱，直至消失，还是有别的转化。我们只需注意这种变化和感受就可以，专注和跟随即可。

另外，闭上眼睛，再重新思考这幅图画，它能唤起你什么样的情感。开心、好笑、欣赏、生气、困惑、讨厌、尴尬、憎恨、恼火、愤怒、恶心、怀旧，还是憧憬未来呢？这些情感可能都不太一样，无论是什么样的反应，你只需关注就可以。如果有几种不同的反应，请关注它们分别是什么。这种反应是强烈的，还是温和的？你是怎样知道的？这种情感是扩张的，还是收缩的？它存在于身体的哪一部分？请关注你的呼吸和心跳。你的皮肤有什么样的感觉？你的身体有什么样的感受？反应是紧张、强烈、平滑，还是别的感觉？这种感觉藏在身体的哪些部位呢？你是否能精准定位它在什么位置？你是怎样知道你的这些真实反应的呢？

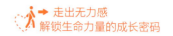
行为实验：你的善良，别人可能毫不在意

乐琪：原野老师，我努力做一个积极上进、乐于助人的人。在宿舍里，我给同学们打水，经常打扫宿舍卫生、倒垃圾、帮同学们拿快递等，不计辛劳，沉浸在大家需要我和感激我的自我设定中，觉得自己是大家生活中不可缺少的存在。然而，慢慢地我察觉到异样的感受，大家好像习以为常、理所应当地接受我的付出，而我也成为一个讨好式的人，内心纠结，心力消耗。我不知道这样做是否有意义、是否有价值。这些是阳光抑郁在行为上的一种表现吗？

原野：我理解你的困惑。确实，意义对我们的生活而言非常的重要。**一些心理学家认为，当缺乏意义和目标时，人的生活就会陷入混乱，失去自我成长和发展的动力，感到空虚，没有方向感，并伴有无力感和失控感，会产生抑郁等消极情绪和状态。**

但你认为这些积极和阳光的行为，曾是你存在的意义，对此我们可以通过一个行为实验来检测。**这个行为实验的名字，叫作"消失的我"。**接下来的一周时间，你不再做之前打水、打扫卫生、拿快递等事情，你观察大家是如何反应、怎样感受和评价的。通过结果反馈，我们来思考这些行为的意义和价值。

（一周之后）

乐琪：在过去的一周，我严格按照您的要求，悄悄地进行"消失的我"行为实验，结果让我特别惊讶。从周一开始，我不再像往常一样做给我的同学或舍友打水、打扫卫生、拿快递等这些事情。但是，你知道吗？舍友和很多同学根本就没有发现有什么不同，或者说他们根本就不在意我曾经做了什么，根本就没有感受到我曾经的重要性。虽然偶尔有几个同学嘟囔着，"乐琪今天怎么没有打水啊"，抱怨了两句，好像就没有再说什么。我突然感觉自己很傻，曾经自认为努力和高尚的奉献和付出，好像在他们眼里就像空气一样，一点价值和意义都没有。这些行为仅仅是感动了我自己，对于别人来说简直不值一提。

原野：**印度著名诗人泰戈尔曾说过，"我们看错了世界，反说它欺骗了我们"。这个行为实验可能戳破了你曾经生活的幻象，让你看到真实但有些残酷的现实。人们都生活在观念的地图里，凭借它的指导，我们跨越了人生的沟壑、山川和平原。如果地图是正确的、与事实相符的，那么我们就能准确定位自我，规划路线，抵达终点；如果地图是失真的、漏洞百出的，我们就会在人生旅途中迷失方向。"消失的我"行为实验，让你看到了怎样的人生地图呢？**

乐琪：第一，永远做雪中送炭而不是锦上添花的事情，你的行为对别人的真正价值，不是你自己以为的价值；第二，永远做真实的自己，而不是假装友善的人，否则动机不纯、虚张声势的自己，也很难成为别人眼里有价值、有意义的人。

原野：你的反思很深刻，祝贺你成长了。**其实人的情绪具有单维性，也就是当我们欢乐的时候，就不会忧伤；当我们兴奋的时候，就不会落寞；当我们幸福的时候，就不会悲伤。** 因此，找到幸福、快乐的秘诀，对于消解和抵御消极的情绪有非常大的帮助。

乐琪：真的是这样！虽然我从来没有这样想过，但我非常认同您的观点。我总感觉幸福快乐是随机的、偶然的感受，是转瞬即逝的体验。真正幸福快乐的秘诀是什么呢？我可以学习掌握，并且将它运用到我真实的生活学习里吗？

原野：哈哈，我先设置个小悬念，俗话说"**纸上得来终觉浅，绝知此事要躬行**"。你在下一个行为实验中探索幸福快乐的秘诀吧。

积极心理：运用"幸福五施"，回归愉悦心境

乐琪：原野老师，经过这一段时间的心理咨询，我的心理能量获得了非常大的提升，我开始安住当下，常怀感恩之心，尝试做真实的自己，情绪比之前更稳定、更积极。只是

偶尔还会受到外界环境的影响，例如看到短视频中被霸凌的女学生，听到别人对自己歪曲或不公的评价，我还是会陷入抑郁情绪之中。

原野：我们不是生活在真空之中，环境中各种因素都会对我们产生或大或小、或好或坏的影响。关键是，**外界纷扰，我心自定，不畏浮云遮望眼，心中自有定海针，唯有坚守原则，方显真我**。今天人们面对浩如烟海的信息，经常会掉进生活的陷阱中不能自拔，**其中三个最大的陷阱是莫名其妙地凑热闹、心急火燎地随大流、为别人操碎心**。这三个陷阱消耗了人们大量宝贵的注意力和精力，却没有任何有意义的产出。

乐琪：确实如此。短视频、电话、微信等，无时无刻不在打断我的注意力。一天下来，毫无效率，毫无成果，重要的事情一拖再拖，自己一下子就抑郁了，情绪低落，丧失信心，意志消沉。

原野：智能手机时代，这是很多年轻人的常态！美国管理学家史蒂芬·科维提出了关注圈和影响圈的概念，从而判断一个人的时间和精力集中于何处，行动是否积极主动（图4-4）。关注圈，是指人们格外关注的问题，比如新闻、战争、工作、健康、事业、邻里等。而影响圈是在关注圈之内，可以被控制的部分，如你早上几点起床？选择用什么交通工具上班，你决定给谁打电话咨询和求助等。史蒂芬·科维认为，消极被动的人全神贯注于"关注圈"，关注但无法改变，最后怨天尤人、寻找借口，持受害者心态；而积极主动的人则专注于"影响圈"，强化精力管理，主动发挥影响力，驾驭生活，成就感和自信心满满。正如一句话所说，"我用平静的心去接受我无法改变的，用勇敢的心去改变能够改变的，并用智慧的心来分辨两者。"

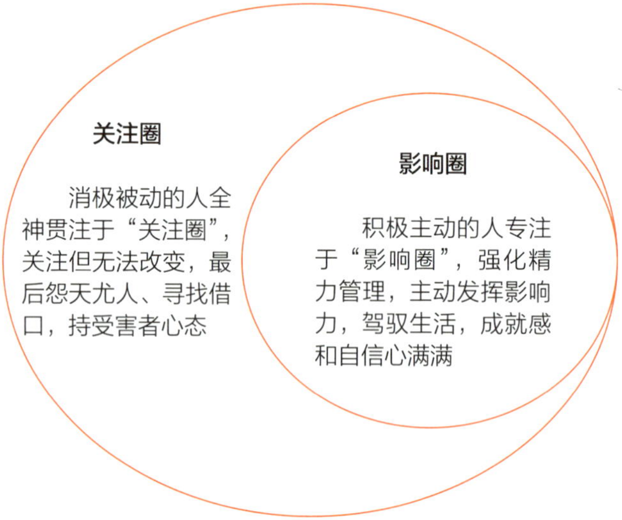

关注圈

消极被动的人全神贯注于"关注圈"，关注但无法改变，最后怨天尤人、寻找借口，持受害者心态

影响圈

积极主动的人专注于"影响圈"，强化精力管理，主动发挥影响力，驾驭生活，成就感和自信心满满

图 4-4　关注圈与影响圈的示意图

乐琪：我明白了，在幸福的路上只有扩大影响圈，掌握自我，付诸行动，才能真正实现幸福而高效的人生啊！但我

如果不依赖外界的影响，仅仅依赖自身的力量，能不能获得幸福快乐的能力呢？**"不以物悲喜，却以自愉悦"**，这应该是一种非常有趣的创造积极情绪的途径。

原野：这是一个非常好的创意，也就是说我们是否可以创造幸福快乐的情绪。**当代心理学之父威廉·詹姆斯提出了表现原理。**传统观点认为，是情绪导致了行为的产生。当我们焦虑不安的时候会手心出汗；当我们高兴快乐的时候会微笑；当我们痛苦难过的时候会哭泣。**但是表现原理恰恰相反，认为是行动导致了情绪的产生，如果你微笑，就会感到幸福快乐；如果你逃离了，就会感到焦虑害怕；因为痛苦流泪，就会感觉伤心抑郁。正如威廉·詹姆斯所说，"如果你想拥有一种品质，那就表现得像已经拥有这个品质一样。"**

詹姆斯的表现原理给我们的启发就是，我们可以通过行为来调整情绪状态。**清华大学心理学教授彭凯平提出了"幸福五施"**的方法，教给我们如何主动制造快乐，通过语言面容、行为举止、心态动机等调动积极情绪，主动创造美好的主观感受。

乐琪：听君一席话，胜读十年书啊！詹姆斯的表现原理太反常规了吧！不过细细揣摩一下，确实有些道理。彭凯平教授的"幸福五施"的技巧，我十分期待，想看看它对自己是不是有用！

原野：第一是言施，说积极正向、充满能量的语言。当我们说出鼓舞士气、激励人心等积极、健康和正向的话语，其实我们也是在传递美好、激情、振奋、温暖的能量，这就是语言的魅力。

请跟我带着感情大声朗读以下的句子。

今天我感觉特别好。

我觉得自己一定会成功。

别人对我非常友好，我感到很幸福。

我现在激情四射。

我现在精力充沛，压力简直不值一提。

我今天的学习效率特别高。

我的人缘特别好，我和所有的人都相处得很好。

我今天感觉特别好，周围的一切都非常美好。

我现在兴致高涨，特别具有创造力。

我觉得生活在我的掌控之中。

我心情愉快，想听一段美好的音乐。

今天感觉太妙了，我一直期待过这样的生活。

我相信我会永远幸福快乐。

乐琪：太神奇了，我大声朗读完了以后，感觉精神十足，信心饱满，简直像充了电一样。从来没有想到，语言还有如此神奇的魔力！

原野：**第二是身施，练习高能量姿势，利用行动赋能情绪和情感**。扩展性的姿势，例如双臂高高举起、挺胸抬头，能对情绪状态产生神奇的积极影响。借助这样的高能量姿势，我们可以增强自信、减轻压力，提高应对挑战的能力，打造强势心理和幸福感觉。此外，身施还指通过具体行动来表达情感和关爱，例如拥抱、击掌。彭凯平教授特别强调了运动的重要性，指出每天进行15~30分钟的运动，可以促使大脑分泌多巴胺、催产素等积极化学物质，使人感到开心和兴奋。

乐琪：生命在于运动。运动不仅能强身健体，还能愉悦心身，看来我的生活里需要加入一项运动啊！

原野：**第三是眼施，看到美好，懂得感恩，获得生活中的小确幸**。当我们欣赏一幅美丽的画作、一处迷人的风景时，双眼带来的审美体验会引发积极的情绪反应，使我们感到幸福和愉悦。因此，当我们欣赏美好事物时，会感受到自主性，因为这些是我们自主选择欣赏的事物。同时，我们拥有掌控、理解和欣赏美好事物的能力，并且与之发生深度链接和与他人分享美好体验，这些都是关联。

乐琪：欣赏美能产生幸福感，这好神奇。未来我要多旅行，看尽人间春色，将一切美好的事物收入视野之中。

原野：**第四是颜施，面部表情愉悦放松，幸福快乐之心油然而生**。笑容能带来快乐的心情，表现原理认为，面部的笑容被大脑捕捉后，让大脑做出了"我高兴"的判断，之后一系列的生理心理变化让我们心情舒畅、幸福快乐。当然只有真实的微笑才能真正引发快乐的感受，因为它是一种发自内心的笑容，它的特点是笑容饱满、牙齿露出、嘴角肌肉上扬、颧大肌上提、眼角肌收缩，使眼角周围出现皱纹。此外，其他面部愉悦放松的方式，如嘟嘟嘴、扮鬼脸等，都可以带来愉悦感。另外，颜施不仅让人身心愉悦，还极具感染力，让你能够拥有更好的人际关系，更容易获得他人的支持和帮助。

乐琪：我尝试了一下真诚地微笑，心情确实轻松愉快了不少。我曾看过一份资料，国外有个大笑俱乐部，每个人都练习哈哈大笑，能获得一天的好心情。

原野：**最后是心施，心存关爱与善意，心中有他人，世界将变成美好的人间。奉献感能够激发我们内心的积极情绪。**当自己的付出为他人带来了帮助与快乐，我们内心的满足感和成就感就会油然而生，这种积极的情绪状态有助于提升心理健康水平，还能保持乐观向上的状态。**此外，奉献感还能增强人际关系。**通过真心实意的付出，我们会赢得他人的尊重与信任，与他人建立起深厚的友谊，而和谐的人际关系不仅让我们可以感受到来自他人的关爱与支持，更能让我们获得坚定与自信。

乐琪：我突然间发现，原来走出抑郁情绪，收获幸福快乐是如此简单。我只要尽情地微笑，让步伐轻快，高昂起头，快乐地说话、跳舞、谈笑、歌唱等，身心的正能量就会被激发出来，所有美好、幸福的感觉和情绪就会被带入我的生命之中。

三件好事：将美好存放到人生相册里

马克·吐温说："让你陷入困境的，并不是这个世界；真正让你陷入困境的，是这个世界并非你所想象的那样。"在生活的洪流中，"阳光抑郁"这种隐形的痛苦，如同阴影般悄然笼罩着人们的内心。他们看似阳光，笑容满面，但内心深处却是一片阴霾，被抑郁的痛苦和焦虑的迷雾所困扰，如同被困在时间的迷宫中，既无法逃离过去的阴影，又无法看清未来的方向，只能在无尽的焦虑与抑郁中徘徊，失去了感受幸福的能力。

他们生活在抑郁痛苦的过去，有着无法释怀的遗憾和失落。每一次回忆，都像是一根刺，深深扎入他们的心中，让他们无法忘却那些痛苦的经历。他们试图用微笑来掩饰内心的伤痕，也渴望从过去的阴影中走出来，但每一次尝试都像是撞上了一堵无形的墙，令他们无法前行。同时，他们又生活在焦虑弥漫的未来，那里充满了不确定和恐惧。他们担心未来的生活会变得更加糟糕，担心会失去更多。这种焦虑如同一片浓雾，让他们无法看清前方的道路，虽然他们也试图寻找一丝光明，但每一次努力都像是被黑暗所吞噬，让他们感到无比的绝望。

总之，乐琪被困在抑郁痛苦的过去和焦虑不安的未来之中，失去了感受幸福当下的能力。她无法欣赏生活中的美好，无法感受到温暖，无法品味到食物的美味，她的心灵被过去的阴影和未来的恐惧所束缚。因此，学会放下遗憾和失落，学会面对未知与不确定，真正感受到当下的幸福，将成为像乐琪一样的阳光抑郁人群成长的重要命题。

积极心理学的创始人之一、美国著名心理学教授马丁·塞利格曼设计了一种积极干预消极情绪的方法——"三件好事"。具体做法是：每天晚上花点时间想一想，记录下三件或多件当天发生的让自己觉得快乐、有意义、感动的人、事物、瞬间或心情，以及其发生的原因、过程等。我们在写下三件好事的时候，心里会感觉暖暖的，自然而然就产生了快乐、感恩、幸福等积极情绪，从而提升了自我评价，并对未来拥有了更多美好的期待。马丁·塞利格曼教授的"三件好事"技术是一个有力的工具，帮助我们将注意力从过去的痛苦和未来的焦虑中，转移到当下的美好，无论是微小的喜悦还是重大的成就，都可以成为人生相册中的珍贵回忆。根据马丁·塞利格曼教授对参与此方法志愿者的追踪测试，6 个月后，"三件好事"参与者的幸福指数平均要比对照组高 5%，抑郁指数低 20%。

第一天：一杯热腾腾的咖啡；

一段安静的散步时间；

一次同事的微笑。

第二天：昨天下了一整天雨，今早一出门感觉空气好新鲜；

看到校园里的小狗嬉戏打闹，感觉它们好可爱；

静坐 30 分钟，感觉很舒服；

我的汇报受到领导和同事们的认可，非常欣喜。

第三天：早晨吃了非常美味的豆浆、油条；

工作非常投入，完成了一篇论文，很有成就感；

和爱人看了一场电影，温馨快乐。

"三件好事"技术如同一束温暖的光芒，穿透了人们内心的阴霾，照亮前行的道路。通过训练，我们开始关注生活中的细节，发现那些平时被忽视的美好，感受到阳光的温度，品味到食物的美味，欣赏到自然的美丽，心灵逐渐从过去的阴影和未来的恐惧中解脱出来，开始享受当下的幸福。而随着时间的推移，这些美好的瞬间将逐渐积累起来，形成一本属于我们自己的幸福人生相册。它不仅记录了幸福瞬间和美好回忆，更见证了人们从痛苦和焦虑中走出的成长与变化，用心去观察、去体验、去记录，每个人都可以重新找回幸福。

第五章

恋爱失能：

之前曾因失恋创伤痛苦不已，
现在拥有争取幸福的能力

"大部分的痛苦，都是不肯离场的结果；没有命中注定的不幸，
只有死不放手的执着。"

——素黑

情感创伤，让我永远失去再恋爱的能力

小艾是女孩，曾参加过我举办的心理沙盘体验活动，而深入结识她是因为活动后她给我发来了三万多字的情感邮件，记述着她和男朋友的爱情经历和这段感情结束后的纠结、痛苦、委屈及不甘。另外，她也想找我咨询，渴望摆脱失恋的痛苦折磨。

小艾走进咨询室时，身影略显落寞，乌黑的长发轻轻地搭在肩上，尽管有些凌乱，却有一种颓废的美感。她身穿一件素色长裙，上面有几处明显的褶皱，仿佛是她纠结心境的真实写照。虽然她脸上挂着淡淡的微笑，却显得有些僵硬，我能感受到她内心深处被压抑的痛苦。她嘴唇紧闭，仿佛在努力抑制着什么，却又想通过述说来发泄内心的愤懑和无奈。她双手紧握成拳，手指甲深深地陷入手掌中，透露着想证明什么却又无法证明的无声压抑和挣扎。她的眼神游离，并带着怀疑和掩饰，而弥漫着淡淡薰衣草味道的香水，此刻却多了几分苦涩。看着她，想到她发给我的情感经历，我能感觉到她的挣扎与无助，那是一种掩埋在深深痛苦和无助下的倔

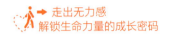
强，一种被男朋友抛弃后的委屈、绝望和愤懑。

在小艾的自述中，她的恋爱曾经非常甜蜜，虽然是异地恋，但每个月男朋友都会辗转多地，跨越千里来看她，给她带来无穷的感动和温暖。而性格开朗、不拘小节的她常带上闺蜜和男友一起旅游，一起吃饭，一起享受快乐的幸福时光，而男朋友和闺蜜的"劈腿"则是恋情危机的导火索。全情投入的小艾根本想不到男友会主动离她而去，更想不到的是闺蜜会在自己眼皮子底下抢走男友，而自己却丝毫不知。小艾不断地纠结和后悔，她说现在回想起来，三人一起时闺蜜对男友隐喻般的亲昵动作，完全是赤裸裸的调情。一想到这一切，她感觉受到双重背叛，情绪失控，愤怒不已。失恋期间，小艾一方面放不下感情，曾经与男朋友温馨亲昵的画面挥之不去；另一方面又非常愤怒和痛苦，认为男友和闺蜜不应该这样伤害自己。她从来没有想到这样的狗血剧情竟然会发生在自己身上，她对男人再也不信任了。她说，自己失眠已经连续两个多月了，精神恍惚，情绪低落，脑子里都是怨恨和过往的场景片段，都提不起精神去上班了。

原野：小艾，感谢你对我的信任，你对我敞开心扉，把内心的痛苦和委屈都倾诉出来了。听了你的故事，我非常理解你，作为一个自尊心很强的女孩经历男朋友和闺蜜的双重背叛，确实让人难以接受。接下来的日子里，我会一直陪在你身边，听你倾诉，支持你，鼓励你，和你一起度过痛苦难熬的阶段。

小艾：感谢您的理解。其实面对家人和朋友，我都装得和没事人一样，强颜欢笑，但是我内心非常痛苦，就像被抛弃在荒芜的沙漠里，充满委屈、痛苦、孤单和无助。那些曾经美好和伤痛的记忆，像潮水一样涌到心里，我没有办法控制，陷入其中而无法自拔。很多朋友跟我说，天涯何处无芳草，并且想继续给我介绍新的男生认识，但是我觉得自己已经丧失了再谈恋爱的能力，自己感觉很丢人，再也没有和男生交往的勇气了。此外，我再也不相信男人了。其实在分手之前，男朋友在我心里还是挺完美的，如果他都会背叛我和抛弃我，那这个世界上还会有好男人吗？更重要的是，这几个月以来，每天晚上我都睡不着觉，每天吃东西都没有胃口，最近一段时间还感觉特别疲惫，工作上也没法集中精力，有时候还频频出错。我有点害怕自己疯掉。我的问题是不是很严重呢？

原野：我能理解你的担心。请先根据许又新教授对于心理问题诊断的标准（表5-1），对自己的心理状况进行一下大概的评估。我们来了解下你心理问题的严重程度。

表 5-1　神经症心理问题评分标准表

	1分	2分	3分
病程	不到3个月为短程	3个月到1年为中程	1年以上为长程
精神痛苦程度	轻度病人自己可以主动摆脱	中度社会功能损害者自己摆脱不了，需靠别人的帮助或处境的改变才能摆脱	重度社会功能损害者几乎完全无法摆脱
社会功能	能照常工作或者生活，以及人际交往只有轻微妨碍	中度社会功能受损害者，工作生活或人际交往效率显著下降，不得不减轻工作强度或换工作，或在某些社交场合不得不尽量避免人际交往	重度社会功能受损害者完全不能工作学习，不得不休病假，或完全回避某些必要的社会交往

　　第一个维度是问题的持续时间：你感觉你的问题从发生到现在大约过了多长时间？3个月以内是短程，3个月以上到1年为中程，1年以上为长程。第二个维度是精神痛苦程度：可自行主动摆脱的痛苦，算是轻度；自己无法摆脱但可以借助别人摆脱的痛苦，算作中度；自己无法摆脱且和亲友娱乐等都无法摆脱的痛苦，应该有点严重。第三个维度是问题的影响范围（社会功能）：正常的工作生活及人际关系受到轻微影响的，为轻度；工作生活受到严重影响，不得不减少工作量，降低正常工作学习强度，回避社会交往的，算是中度；无法正常工作和学习的，则归纳为重度。

因此，如果一个问题持续时间比较长了，比如超过 3 个月的时间，持续让你痛苦，通过亲友倾诉和娱乐休息等手段的改善效果不明显的话，或者问题严重影响了你的生活和学习，工作状态不佳、不愿意交往和见人，这些时候症状就相对比较严重，需要求助专业的心理咨询师帮助你解决。当然，在评估心理问题时，其他因素也需要综合考虑，不能只依据某一项标准单独评估，还需要关注个体的主观体验、内心状况和心理活动等。

小艾：根据您提供的心理问题评估标准，我觉得自己的心理问题已经达到中等程度。希望您能帮我尽快从这段情感中解脱出来，我会认真配合。

其实在心理咨询的过程中，教授知识和技能可能不是最重要的，但引起来访者的重视很关键！

原野：好的，我会尽一切努力帮助你。不过病来如山倒，病去如抽丝，我们需要时间和耐心来处理这些问题。一般而言，个人的情感模式、价值选择和两性关系等都会受到原生家庭的影响。你能谈一谈在你的原生家庭里，父母是怎样的情况，以及他们之间的互动关系吗？

小艾：我爸爸是一个机关事业单位的领导，妈妈是下岗工人。父亲就是家里的"皇帝"，母亲和我都围着他打转，满足他的想法，顺着他的意见，我们慢慢地都感觉失去了自己的意愿和主见。另外，在我的记忆里，很少感受到妈妈和爸爸对我的关爱，童年记忆中只剩下爸爸的严格要求和妈妈的絮絮唠叨。我感觉，父母不仅没有给予我爱，而且还跟我索取爱。有时候我的内心特别空虚，总有种莫名其妙的不安全感。因此，我长大了找到男朋友，最重要的条件是一定对我好，能给我带来爱和安全感的。

之后，我借助心理欧卡的咨询工具，设计了小艾的关系牌阵，探索她的情感链接（图5-1）。首先，小艾选择了一张双人舞的图片代表她和男朋友的恋爱，这是她生命中最重要的部分。因为从小缺乏爱，小艾将男朋友对她的爱情当作生命中的最后一根稻草，因此失恋后的她情绪低落，纠结痛苦，无法摆脱。接着小艾选择了开幕式、三人行、播种和赛跑四张图片作为对过去生活的链接。通过这四张卡牌，我们能感受到小艾对过去经历的情感依恋和深刻体验。小艾喜欢团体活动，渴望生活在群体里，向外寻求爱和温暖，也形成了自己对外界完全依赖、迷失自我的情感链接。因此，当小艾重新审视男友和她分手、闺蜜背叛的外部环境时，曾经的过度依赖让她深陷在自我纠结、自我怀疑和痛苦愤怒的负面情绪

图 5-1　心理欧卡情感关系牌阵

中。而对于未来的情感链接，小艾仅选了一个医生和一张空白卡片，希望心理咨询师能疗愈她的情感创伤，对于其他方面她既没有期许，也没有思考。

　　其实，小艾情感危机的主要原因是她将自身的全部价值都投射到过去和外界中，而其本身自尊自爱的水平较低，恋爱关系的丧失更是彻底摧毁了她仅有的外部链接和情感滋养。

情感反刍，我是中毒后愤怒的追蛇人

　　小艾：心理欧卡的情感牌阵好神奇，它帮助我看到了自己恋爱过程的真相。一方面，我把爱情看得太重，把它放在了生活的中心；另一方面，可能是因为我在原生家庭里很缺爱，于是把所有心思都投射到男朋友的身上，所以失恋才会给我造成特别大的打击。而且在这场恋爱中，我被蒙蔽、被欺骗，这口气一直压在心口上，让我又痛苦，又憋屈。我现在最大的痛苦是，一旦安静下来，我就会将曾经痛苦的场景、记忆和感觉一遍一遍在头脑中循环播放，每一次都会让自己更加痛苦、更加纠结，感觉更糟糕，情绪更低落。特别是，我会控制不住地在头脑中搜索男朋友出轨的蛛丝马迹，不断回放夺走男友的闺蜜别有用心的小伎俩。我觉得自己就像困在情感旋涡笼子里的仓鼠，无休止地踏动轮子，痛苦却无处可去。

原野：我非常理解你在这次情感经历中的感受。你刚才描述的痛苦状态，是一种典型的情感反刍现象，就像牛羊等反刍动物，一旦闲暇下来，就把草料从胃里反刍到嘴里，不断地咀嚼。像你所说，一旦安静下来，你就会把曾经的痛苦回忆从记忆里提取出来，在大脑中反复呈现和闪回，不断激起你的愤怒和痛苦。情感反刍作为一种情感创伤，会不断揭开曾经的情感伤疤，让往日的痛苦继续累加。同时它还会不断加剧痛苦和愤怒的程度，消耗大量的情感和思考的资源，除了产生痛苦、愤怒等负面情绪外，还会危害身体健康和人际关系。

小艾：是的，这种情感反刍让我睡不好觉、吃不好饭，工作也没有精神。同时，我不愿意和老朋友们见面，不愿意因为失恋这件事成为她们嘴里的笑料，也更没有心思去结交新朋友。它确实给我带来了非常大的影响。

原野：你把痛苦的场景、记忆和感受，一遍遍地在大脑里重放，每一遍都会让自己感觉更糟糕，变得更沮丧。而随之产生的负面想法充斥着内心，这种状态让心理问题的解决变得遥遥无期。很多心理专家把这种情感反刍比喻成一个人拿着刀在心口上反复抽插。其实，我们遭受的情感创伤，就像在胸口上插了一把刀，可能很痛苦，但如果我们不去注意它、理会它，那么随着时间流转或者注意力转移，这把插在心口上的刀所造成的疼痛就会慢慢降低，直到最后变淡和消失。但情感反刍会让我们不断将刀从心口上拔出来，凝视它，诅咒它，然后再愤怒地插回去，反复拔出来、插回去，因此就会让愤怒和痛苦的情感越来越清晰、越来越严重，让我们沉溺其中不能自拔。

小艾：这个比喻真的非常形象，我现在的状态就像不断地把刀从心口上拔出来、插进去，再往伤口上撒盐，让自己变得更痛苦、更委屈和更愤怒。那我该怎么办呢？我现在太难受了，好想摆脱情感反刍的魔咒啊！

原野：**永远把注意力放在结果上，而不是放在情绪上。**我们先从大脑的功能谈起，其实大脑有主管情绪的部分，我们叫它情绪脑。此外大脑也有主管理性分析的部分，我们叫它理性脑。情绪脑和理性脑各自有着独特的功能和作用，既相互联系，又相互影响（图 5-2）。情绪脑主要负责情感和情绪，让我们能够感受到快乐、悲伤、愤怒等情感，并对事件发生快速做出情感反应。它还负责调节生理反应，例如心率、血压和呼吸等。而理性脑则负责逻辑思维、判断和决策等认知功能。它能分析问题、制订计划、做出决策，并调整行为和情绪。情绪脑和理性脑的关系就像舞台上的演员和导演，情绪脑是演员，它精彩地演绎着我们的喜怒哀乐；而理性脑则是导演，指引我们如何演绎生活。虽然情绪脑的表演有时会过度兴奋和痛苦，激情昂扬或绝望透顶，但理性脑能帮助我们审查剧本，纠正错误，让我们的人生更加和谐美好。

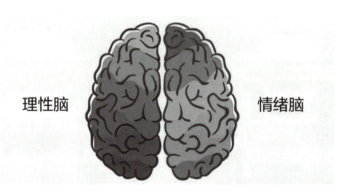

图 5-2　情绪脑和理性脑的关系图

小艾：经过您的分析，我感觉自己把所有的注意力都放在情绪上了。我发泄对闺蜜背叛的怨恨，发泄对男朋友抛弃的诅咒，但好像从来没有理性地分析和思考过分手这件事。我是不是太情绪化了呢？

原野：你的这种觉察是非常宝贵的。因为情绪化会让人变得不理性，也会让事情变得更加糟糕。美国著名管理学大师史蒂芬·柯维在《高效能人士的七个习惯》中用"中毒的追蛇人"，比喻那些只关注情绪和而忽略结果的不理性行为。例如，一个人在山里散步，突然被一条毒蛇咬伤，而此人手中正好有一把刀。当这个人处于情绪化状态的时候，他会拿着刀疯狂地去草丛里找蛇，想把它碎尸万段，结果自己毒发身亡。或许这个人最理智的做法是，迅速用刀割开伤口，挤出毒血，同时割开衣服做成绷带，扎紧大腿，防止蛇毒蔓延，而不是愤怒地去追那条跑掉的毒蛇。

由此看来，你把所有注意力都放在情绪上，冥思苦想男朋友为什么和你分手。你的闺蜜不知廉耻、不讲情义地从你手中抢走男友，你为什么傻傻地相信他们，以至于现在陷入自哀自怨的情绪之中？这种痛苦、纠结、愤怒的负面情绪和对过往情感记忆的过度反刍，会让你心理失衡，情绪失控，失眠健忘，不仅损害了身体健康，还严重影响了你正常的工作和生活。

小艾：是的，我好像就是那个被毒蛇咬伤，还拼命拿着刀追蛇的人，蛇没有追上，却把自己折磨得奄奄一息。怎么样能让我不再这么痛苦呢？现在我疯狂加班做事，就是不让自己安静下来，因为一旦安静下来，头脑中就都是男朋友和闺蜜的背叛，以及自己万分懊悔的场景，根本停不下来。

原野：我理解你的感受，无论谁遇到这样的情感创伤，可能都需要较长的时间走出心理阴影。一般而言，时间是治愈心理创伤最好的药方，而心理咨询师的价值，便是促进来访者的心智成长，尽可能缩短心理创伤和心境痛苦的时间。打破情感反刍恶性循环的关键，是用关注当下、积极正向的意识覆盖之前痛苦的、反复闪回的意识，我们可以采用正念呼吸的方法来阻断痛苦反刍。

正念呼吸作为一种简易心理调适技巧，可以让我们专注于呼吸，全身心地将意识放在当下，调适情绪，放松身心，缓解焦虑。同时，还可以提高专注力，抑制杂念妄想，增强内心的平静感，甚至有助于身体的应激反应，有效改善身体的免疫功能。

请你找到一个安静的地方，坐下或躺下，让身体保持舒适的状态，充分放松。你将注意力集中在呼吸上，注意每一次吸气和呼气的感受。如果你的注意力被其他事物分散时，不要过于强求或责怪，只需要温和地提醒自己回到呼吸上即可。例如，你可以在心里默默地说，"我现在正在感受呼吸"。随着专注的持续，请逐渐延长呼吸的深度和时间，让呼吸更加自然和平稳，同时尽量延长呼气的时间，使呼气的时间大约是吸气时间的2倍。例如，如果你吸气用了4秒，那么呼气应该大约用8秒。当你逐渐熟悉这个过程后，可以尝试延长每次呼吸的时间，例如每次呼吸用10~15秒，持续练习，逐渐增加每次呼吸的时间和深度，每天至少练习正念呼吸5~10分钟。

小艾：正念呼吸对我非常有帮助，当我把注意力全部集中在呼吸上时，头脑中就不再想失恋的痛苦场景，也让我的心情相对平静。但时不时冒上来的负面念头总是让我心情很烦，它像一个石子投入寂静的湖面，总是带起情绪的涟漪，慢慢变得越来越强烈，情绪也越来越糟糕。

原野：你能清楚地感知到负面念头的出现，这一点非常好。古人说，"不怕念起，就怕觉迟"，意思是，不怕愤怒、抑郁、焦虑等想法出现，就怕自己感觉不到或者觉察得太迟缓，让负面情绪肆意妄为，让事情变得更加糟糕。

现在，我们运用"觉知提示器"的心理小技术，强化觉知，将负面想法和情绪扼杀在摇篮里。右利手的人一般用左手的小拇指来安装"觉知提醒器"，也就是当你有失恋反刍场景出现时，马上感知到它，用右手使劲捏疼左手的小拇指，马上转移注意力，强化"我不是中毒的追蛇人"的观念，打断这种恶性循环，将正向观念植入我们的信念体系中，时刻提醒和关注自我觉察、自我关照和自我成长，别再钻进负面情绪和情感的牛角尖。

小艾：这种提醒非常有必要，我是一个非常感性的人，一不小心就会陷入无谓的伤感里走不出来。之前我和家人朋友闹脾气，一连几天心情都很郁闷，但我会自己慢慢地走出来，恢复到正常的生活。然而这次负面心情持续的时间太长了，我也尝试过很多方法，看看电影，逛逛街，和其他朋友唱唱歌，但好像都无济于事，一直没有走出这种郁闷、焦虑和痛苦的心理状态。我有时候甚至怀疑自己，是不是得精神病了，然而这种想法只能让自己变得越来越糟糕。

原野：我非常理解你的感受，就像你自己所说，你是一个感性的人，注重情感，看重关系，所以男朋友出轨和闺蜜背叛两件较为重大的事情一起压在你身上，确实对你的打击很大，换成谁也很难承受，所以不要勉强自己，为难自己。尽快止住情感创伤的伤痛是眼下最为关键的事情。接下来，请躺到催眠椅上，深呼吸让自己平静下来，跟着我的引导语，我们一起用神经语言程序学（NLP）冥想抽离技术，从第三者的视觉去看待这段情感创伤，可以淡化和减轻创伤带来的伤害。

　　让我们一起想象自己是电影院里的观众，坐下来观看一段人生影片。你曾经历的背叛和痛苦，就像大银幕上电影的情节，你能看到过去自己在那些痛苦时刻里的无助、焦虑和失望。现在，按下播放键，但请注意，你只是一个观众，一个观察者，你是那个坐在黑暗中静静观察的人。看着银幕上的故事展开，但你知道那仅仅是个故事，是过去的事情。同时，你也是那个掌握影片进度遥控器的人。现在想象你按下倒带键，电影的情节开始倒退，那些痛苦的画面逐渐后退，越来越快，越来越模糊。请记住，你是那个掌控者，你可以选择暂停、向前、向后或者停止播放。接下来，你再尝试着按下快进键，让电影加速前进。那些痛苦的记忆像电影片段一样快速闪过，而你只需静静观看。慢慢地你会发现，那些曾经的伤痛成为荧幕里别人的故事，已经变得微不足道。

　　最后，你按下结束键，曾经的场景越来越远，直至消失不见，电影院的灯光渐亮。你站起身，走出影院，外面的阳光温暖地洒在你身上。你是自己生活的导演，可以自由地选择播放哪一段记忆、哪一段故事。那些过去的痛苦，如今已成为你人生故事的一部分，但你不再是那个被困在故事里的角色。

　　我让小艾将自己想象成一个电影观众，用第三者的视角来观看她情感经历的影片，再不断指示她将镜头拉远、后退、快进，最后包含着创伤情感经历的电影慢慢地消失在她的视野里，这种转换视角的想象将在意识和潜意识层面淡化失恋和背叛对她的情感伤害。

消极依赖，情感世界里一半冰川一半火焰

小艾：原野老师，通过运用正念呼吸、觉知提醒器和冥想抽离技术，我焦躁的情绪和痛苦的感受缓解了不少，而且抑郁的心情也慢慢有了缓解的迹象，同时工作也变得有些精力了。不过有的时候，我还是会钻牛角尖儿。我总是在想，自己对男朋友那么好，那么爱他，他为什么会离开我。包括我闺蜜，我们相识 10 多年，我什么事都依着她，所有好东西都和她分享，我不知道她为什么用这样的方式来伤害我。我常常陷入这种困惑里，不能自拔。

原野：好的，如果你的情绪和状态有所好转，我们接下来就可以处理深层次的问题。就好像伤口的血止住了，那么我们可以思考如何让伤口更好的愈合，让身心获得康复。

小艾：确实是，我觉得伤口止血已经做到了，自己不再痛苦反刍，焦躁不安和精力减退等状况也有所缓解，但是我想通过咨询，在认知和情感方面获得更好的改善和成长。

　　原野：接下来我们做一个以"情感世界"为主题的心理沙盘，探索和分析你在情感世界中呈现出来的性格特点、习惯行为、互动模式，情感关系、冲突处理等方面的内容。

　　小艾在尊重、自由而安全的氛围中，用15分钟完成了"情感世界"的心理沙盘构建（图5-3）。

图5-3　小艾的"情感世界"心理沙盘

　　原野：请谈谈"情感世界"心理沙盘是一个怎样的世界。

　　小艾：当你让我做一个"情感世界"的心理沙盘时，刚开始我有些迷茫，不知道从什么地方开始。突然间，我下意识地想堆一个小岛，想象小岛上有很多冰山。其实我并不喜欢冰山，但我也不知道为什么要放。然后我在冰山旁边放置了一个小企鹅。冰山和陆地之间应该有链接，我用一组贝壳来表示一座若隐若现的浮桥。陆地上有太阳，有绿地，有房子，还有一对相恋的爱人。他们的关系非常好，天天在一起，一起吃饭，一起逛街，一起生活，相爱相知，寸步不离。

原野：好的，这个"情感世界"的心理沙盘跟你现在的生活有什么样的链接呢？你觉得沙盘里面有你吗？在现实生活的情感世界里，你是如何处理和朋友的关系，以及和男朋友之间的关系呢？

小艾：太神奇了，我觉得这个心理沙盘特别能表达我的情感关系。当我生气了，就一个人在岛上躲起来，谁也不理睬，像那只企鹅，独自神伤，逃避和朋友的一切冲突和矛盾；当我心情好的时候，我就会和朋友们在一起，享受喧闹、享受聚会、享受热火朝天的感觉，就像心理沙盘上的陆地一样，有沙滩、绿地和朋友，大家相互依偎，特别温暖。而浮桥之所以用贝壳搭建，一方面它只属于我自己，别人不能使用这座浮桥；另一方面，当我高兴的时候，它就消失了，只有当我不高兴的时候，它才会出现，让我能去小岛上躲避情感问题。

原野：谢谢你的分享，我们一起辩证地观察和分析这个"情感世界"的心理沙盘。首先，从整体看这个沙盘，它非常有创意，绿色、蓝色、白色和黄色等色彩搭配和谐，对比强烈；同时人物和事物之间构建有序，大陆上生机盎然、小岛上萧瑟孤冷，对比也很强烈。这样的沙盘构建，一般代表来访者具有一定的审美能力、清晰的逻辑思维和冲突的情感状态。

其次，你为什么会创造一个孤岛呢？其实，岛在心理沙盘理论里有一些象征意义，例如与现实的隔离、孤独，还有个人情感的疏离，或者生活中有不想向外人说的秘密，也或许是代表着现实生活中疲惫的状态，渴望在理想世界有一个休闲清净之地。处在这些心境状态下的人，都可能构建一个孤岛。

最后，你在沙盘里创造了一个对比明显、冲突强烈的世界，一半海水，一半火焰；一侧冰川，一侧艳阳。而你在分享的时候，强调自己不喜欢冰川。那么你为什么会在前十个步骤开始时就构建了它呢？**当我们从常识维度出发，发现一些非常规的现象和关系，我们就要去思考，这些问题背后的内在动机和需求到底是什么。**这些沙盘里的矛盾和冲突，需要你自己挖掘探索，看看能有什么样的启发和借鉴。

小艾：您对心理沙盘的分析给我一个重要启发。我突然间看到，心理沙盘是以我为中心的，我痛苦了要逃避，就建了一个岛；我高兴了要狂欢，就要别人和我在一起聚会；我想去岛上，浮桥就出现；我不想去，浮桥就沉没。我在沙盘里看到一个自私自利、强权霸道、仅凭直觉肆意妄为的人。

当联系现实，我感觉自己好像也是这样子的。曾经我无论和闺蜜，还是和男朋友在一起，我都特别依赖他们，想让他们对我好、顺我的意、迎合我的情绪、选择我的偏好，我很少考虑对方是否舒适、是否满意。记得有一次我想要一个包，男朋友买了一个蓝色的包。我就跟他大发脾气，因为我喜欢紫色，他竟然不知道，那说明他一定不够爱我。我跟他大吵一架，把自己封闭起来一个月不和他说话。另外，我想起他曾经跟我说，我有时候特别依恋他，像蔓藤一样，把他缠得越来越紧，让他喘不过气来；有时候我又翻脸无情，根本不在意他的感受。现在想想，那时候我是不是有些过分了呢？

原野：你的觉察很有见地！所谓心有所想，盘有所现，心理沙盘就像一面镜子，可以呈现出你意识层面和潜意识层面的性格和行为状态。心理学有一个概念叫作**消极依赖，就是当事人只在乎别人能为自己做什么，却从不考虑自己能为别人付出什么。消极依赖的人建立关系的目的，是填补强烈的空虚感。他们甚至不在乎依赖的对象是谁，有人依赖就满足，总是苦苦思索如何得到他人的爱，而没有心思和能力去爱别人。就如同一个饥肠辘辘的人，只会向他人讨要食物，而不想为他人提供任何价值。**你刚才提起之前对男朋友和闺蜜的依赖，思考一下，你在人际关系中是依赖型、中立型和付出型的。

小艾：我好像确实有些消极依赖。我无法忍受孤独，无法忍受被冷落。刚开始因为和男朋友分手，我都不想活了，我曾经那么爱他，我觉得没有他，活着都没有什么乐趣了。现在想起来，难道这是一种类似寄生的消极依赖心理状态吗？

原野：你能有勇气反思自己的不足，这一点非常值得赞赏。其实，我们每个人都渴望得到别人的关心、认可，这样的心理期待是合理的。但是如果这种依赖走向极端，控制了我们的生活，控制了我们的关系，控制了我们一切的愿望、动机和感受，那么它就会呈现出一些心理上的问题。

此外，你的情感世界中呈现出两种极端的状态，一边热火朝天，一边冷漠寂寥，这种极端性也可能造成情绪和情感的不平衡。你是怎样看待这个问题的呢？

小艾：经过您的指引，我确实发现在"情感世界"的心理沙盘里，呈现出了非常明显的对立状态，我也感觉很惊诧。日常生活中，我也是一个情绪不稳定的人，有时候很高兴，有时候很暴躁。从我记事起，父母好像也是这样子，高兴的时候对我非常好，柔声细语，亲密无间，但当他们生气时，就变得暴躁，辱骂我，有时还打我，我想自己的这种情绪的极端化可能跟原生家庭有些关系吧。

原野：**身教胜于言教，父母的行为方式和情绪反应可能潜移默化地影响着孩子。**其实，这个世界是灰度的，我们应用充满柔性和灵活性的辩证思维来理解和看待这个世界，避免陷入"非黑即白"的极端思维。有时候，我们苛求健康、卫生的环境，却因为洁癖而不能融入集体生活；我们苛求规矩和有序，却因为刻板而失去开放发散的创造性思维。古语云，"君子和而不同"，我们要发扬利于"和"的亮点和优势，包容个性化，给予他人更多的理解和宽容。"海纳百川，有容乃大"，唯有拥有如此胸怀，才能让自己的情感世界和关系网络更多元、更开放，也更加充盈。

课题分离：成熟之爱，见证双方心智成熟的过程

小艾：原野老师，我反思了和朋友之间的友情，与男朋友之间的爱情，是不是我对爱有些误解，我总感觉和对方生活在一起，依赖对方、需要对方、彼此依恋，这就是爱。这样想对吗？那到底什么是爱呢？

原野：你的问题很哲学啊！什么是爱，确实是我们首要思考和明确的问题。古往今来，无数的哲学家、心理学家、科学家、文化学者、宗教人士等都在探索爱的真谛。一般而言，爱，即人们主动给予的幸福感，是指一个人主动地以自己所能，无条件尊重、支持、保护和满足他人无法独自实现

的人性需求，包括思想意识、精神体验、行为状态、物质需求等。

美国心理学家斯科特·派克在其著作《少有人走的路——心智成熟的路程》中这样定义爱——**爱，是为了促进自己和他人心智成熟，而不断拓展自我界限，实现自我完善的意愿。这种爱是一种责任，也是一种权力；是一种情感，也是一种行动；是一种付出，也是一种收获；是双向的、互惠的、长远利己利他的辩证与和谐的关系。**

小艾：听了你对爱的说明和诠释，我感觉我的爱更像是一种依赖。之前，我生活的全部重心，几乎都围绕着男朋友。我经常黏着男朋友，不愿意和他分开。早晨，我享受他准备的早餐，为我挤好的牙膏，为我打理的一切琐事。在他的呵护下，我像公主一样生活在云端，无忧无虑，我能感觉到恋爱的甜蜜。无论遇到什么问题，我会本能地寻找他的身影，仿佛只要他在，一切问题都能迎刃而解。我一直觉得，我对他的依恋就是对他的爱，我对他的需要就是对他的爱，现在想想，是不是有点偏差和幼稚了呢？

原野：我理解你的感受，但依赖不是爱，因为你不能在这段关系中获得心智成熟。有些女孩会痛苦地说，我是多么的爱他，没有他都不想活了！从表面上，这样的爱情山盟海誓、天荒地老，恋爱关系的链接十分深厚；但从本质上讲，这是女孩对男孩过分依赖的寄生关系，是被扭曲了的"爱"。这样的女孩对男孩的爱不是自由的、双向的，而是通过单向需要、单向索取、单向依赖构成的。她们将自己对于爱的主观意愿强加给对方，没有真正了解对方的需求和愿望，没有洞悉对方的心灵成长，也没有自我心智思维的成长与拓展。依赖之爱，其背后都是用"爱"的名义去操控、去索取、去压榨，让对方成为自己恋爱感的能量"补偿品"。这种依赖之爱像温柔的蔓藤一样，死死地缠绕在爱情这棵大树上，空间上寄生，功能上消耗，越缠越紧，直至将恋情扼杀。

小艾：当然在曾经的恋爱里，并不都是我对他的依恋，我也曾把他视为我生命的焦点。早晨醒来，我首先想到的是他，晚上入睡前，我最后想到的也是他。他的笑容、眼神、行为举止、他的一切都深深地刻在我心里。我们在一起的每一刻，我都全神贯注地享受着。他的每一个动作、每一句话，我都会仔细品味。我也渴望了解他的一切，渴望与他共享每一个美好的瞬间。甚至，他占据了我生活的每一个角落、每一个思绪。我的心思都在他身上，难道这不是真爱吗？

原野：人们在恋爱时，特别是在热恋之中，会投入全部的精神聚焦到对方，认为这是爱的一种情感表达。但**全神贯注不是爱，因为爱的唯一目标就是促进双方心智成熟和心性成长**。我的很多情感咨询中，有的女孩哭诉，"我一年三百六十五天都是为了他，吃穿住行，周到照顾，但最后依然没有维持住恋爱，他离开我，抛弃我，他怎么这么狠心无情啊"。但从这个女孩的话语中，我们可以感受到她对恋人的"爱"是婴儿之爱。她没有把恋人作为独立、自由发展的个体，而是用全部的时间和精力去阻碍恋人的自由和个性，这是一个压抑他自主成长、心智成熟的过程。这种全神贯注，就像家长担心孩子的安全，一直到高中阶段还在接送其上下学；家长担心孩子的营养，恨不得把饭嚼碎了喂到孩子嘴里。这种拼尽全力、全神贯注的爱，其本质是满足自己的母性欲望，像豢养宠物一样将恋人束缚在身旁，而对于自己和对方的心智完善和成熟没有任何益处。

小艾：曾经我与男朋友相处的每一刻，我都在试图满足他的需要，即使牺牲自己的感受也在所不惜。我放弃了自己的时间，去陪伴他；我改变了自己的习惯，去适应他；我甚至放弃了自己的梦想，只为了能和他在一起。他喜欢的事物，我会尽力去喜欢；他讨厌的事情，我会毫不犹豫地避免。我的世界似乎完全围绕着他转，我渴望得到他的认可和他的爱。虽然这么做对于我而言身心俱疲，但收获爱情的感觉依然让我觉得这些奉献都是值得的。

原野：尽管在传统文化里，牺牲和奉献是一种美德，但**成熟之爱不需要一味奉献，自我牺牲不是爱**。我的很多婚姻咨询中，女方都抱怨，为了爱人，她们放弃爱好、放弃享受、放弃工作、放弃梦想，而当付出这一切却依然没有挽回婚姻时，她们百思不得其解！这样的女孩为恋人殚精竭虑，为婚姻牺牲了一切，一厢情愿地认为，自我牺牲就是对爱人最好的"爱"。但是这种自我牺牲、越俎代庖式的"爱"会让爱人失去心智成熟、自主发展的机会，让对方产生更大的依赖，是对"爱"的滥用。有时，自我牺牲会让女性拥有道德的优越感，一旦对方不接纳或者厌倦反抗，女方就会由爱生恨，渴望得到发泄与报复。

小艾：**太用力去爱，只会让自己变得卑微；爱错了方向，则只会让爱情变得廉价。**现在回想自己曾经的恋情，不是单向依赖之爱，就是自我牺牲之爱，这种爱情显得很幼稚，我只注重自我感受，忽略了双方在情感中的成长。这是我在这段情感中的收获吧！那真正的成熟之爱又是怎样的呢？

原野：你能对曾经的情感进行自我反思，有体会、有思考、有感悟，这便是心智在成长中的表现，祝贺你的感悟和收获。成熟之爱应该从三个维度拓展（图5-4）。

其一，爱是独立完善，是促进自我界限拓展的过程。爱的重要特征之一，就是施爱者与被爱者彼此独立，施爱者关心、爱护被爱者，更要尊重被爱者自主独立的完善与成长。在恋爱中，一方作为施爱者要给予被爱者独立发展的权利，

图 5-4　成熟之爱示意图

这是每个人心智拓展和成熟的权利。同时，坠入爱河的双方都要从外部和内部两个层面不断拓展自我界限。从外部层面，双方可以拓展生活范围，借助旅游、运动、参观等途径，开阔眼界，拓宽视野，与丰富多彩、包罗万象的大千世界亲密接触，让爱情关系与自然生活产生深厚的链接；从内部层面，双方要关注内心世界的声音和需求，深化自我认知，养成坚韧、思考、沉静、批判性思维等能力和品质，挖掘自我完善和发展的潜能。

其二，爱是尊重关注，是促成自主选择的智慧之举。美国组织行为学家科里·帕特森等人在《关键对话》一书中曾这样比喻尊重的价值，**"尊重就像空气，它在的时候我们感觉不到它；但是如果它没有，我们马上就会窒息"**。爱是尊重，倾听对方的需要和愿望。如果爱人之间能做到尊重，就能感受到自身的价值，就会自主发展出独立而完整的自尊自爱体系。爱也是关注，细心照料，帮助其心智成长。**著名心理学家罗洛梅曾说，"爱的意愿本质，其实就是一种关注。为了完成意愿所需要的努力，就是对关注的努力，也就是努力去关注"**。爱人间彼此关注，在脆弱时获得力量，在低落时获得鼓励，在成功时获得自信，让对方在安全、温暖和爱的社会支持系统中勇敢前行。另外，爱是促进自主选择的智慧之举。爱不仅是一种感觉，更是智慧的行动，也需要恰当的奖励、适宜的质疑、果断的拒绝、真诚的建议等，让彼此在对方身上获得自主选择、自省自察的智慧和能量。

其三，爱是自我约束，是促进双方心灵成熟的体现。自我约束是管理爱的情绪的具体方法，它可以让爱的表达富有激情和活力，能让爱从施爱者顺畅而和谐地过渡给被爱者。对恋爱双方而言，恰当地处理好情感和情绪，抑制自己的偏好和控制，让爱真实地表达和呈现，并被对方理解和悦纳，这需要长期的努力和付出，需要丰富而复杂的平衡技巧，也需要恋爱双方在互动的过程中不断剖析和调整，积累经验和体验。这种和谐的互动，不仅可以促成恋爱关系的深化融合，同时也可以促进恋爱双方的心智发展和成熟。

认知行为疗法五栏法：撕掉有毒标签，看到真实的自我

小艾：我曾经以为，我们的爱情是如此美好，可到头看来，只是我一厢情愿的幻想。我是有些问题，对爱太依赖，将自我牺牲和全神贯注当成爱情，但我依然无法接受现实，不明白为什么他会离我而去。是我做得不够好吗？是我不够漂亮，还是我不够聪明呢？我一直在思考这些问题，却始终找不到答案。现在我开始怀疑自己的价值，觉得自己一无是处，不值得被爱，不值得拥有幸福，没有任何优点。甚至开始讨厌自己，感觉自己像个笑话，被人嘲笑、被人遗弃。

原野：我理解你现在的感受，你正在经历失恋创伤的低潮期，对于自我的怀疑和否定也属于正常现象。

美籍瑞士裔心理学家伊丽莎白·库伯勒-罗斯将人们面对重大创伤的哀伤周期分成五个阶段：否认、愤怒、妥协、抑郁和接纳（图5-5）。对你而言，否认阶段是对分手的震惊和不可思议，这让你毫无防备、无法承受，感觉没有征兆、毫无道理；愤怒阶段，你对失恋过程中男朋友的所作所为表达你的态度和情绪，你可能会将情感创伤的一切错误归咎了刘方，感叹命运不公、感慨人心不古，你依然无法理解这样的事情怎么会发生在自己身上；妥协阶段，一般是一种虚妄的

期待，你可能会后悔或者内疚曾经的一些事情，认为如果曾经怎么样，如果改变什么，恋情还可能保持良好，渴望幻想回到曾经的熟悉温馨的情感状态；抑郁阶段，是我们对事情无法改变的情绪回应，曾经的恋爱一去不复返了，只留下了你无法挽留的无助与无奈，可能还有麻木、弥漫和空洞的感受，甚至让你感觉生活无望，生命都没有意义；最后是接受，事已至此，我们只能重新开始面对生活。你会明白过去的事情无法还原，于是你的情绪开始稳定，表达接纳，重新面对现实，这也是适应与再适应的过程。

库伯勒-罗斯哀伤周期
（Kübler-Ross Grief Cycle）

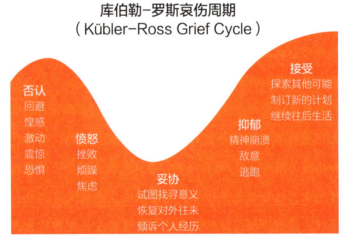

图 5-5　库伯勒-罗斯哀伤周期

小艾：我觉得确实自己正处于愤怒、妥协和抑郁的低潮期。这段失败的情感的经历，让我感觉自己非常愚蠢、非常无能，简直一无是处。一瞬之间，我受伤太深，仿佛失去了再谈恋爱的资格和能力，再也没有走入下一段情感的勇气。整个人的状态特别不好。

原野：唯有看到才有意识，唯有觉知才会改变。当你觉察到自己处于情感创伤周期的低潮阶段，那么我们要正视问题，重新构建我们的认知，才会顺利走出情感失恋的哀伤周期。

刚才你提到的愚蠢、无能、失败、一无是处等想法，这些都是以偏概全的错误认知，心理学中有个名字叫作有毒标签。这些自我批判和否定的有毒标签，会让我们沉浸在负面情绪中，忽略正向积极的因素，抹杀优秀的品质和能力，伤害正常的思维认知、人际关系和情感反应，久而久之我们会将之当成真相和事实，造成自卑沮丧、孤独无助等心理问题。因此，我们需要将失恋创伤中的有毒标签找出来，用理性、客观和准确的语言来描述和转化它，重新认知构建，找回客观真实、积极正向的自我状态。

小艾：确实是这样，我一想到自己失恋，头脑里就自动产生被人抛弃、非常失败、毫无价值的想法；一想到被最要好的闺蜜背叛，就感觉自己特别愚蠢、特别幼稚，简直一无是处。每当这些自我批评和否定的声音出现，我的情绪就会更加的低落，状态也更加低迷。这些想法确实就是有毒标签，让我一点价值感和自信心都没有了。

原野：你的觉察能力非常强，所以我们需要找出这些有毒标签，通过认知行为疗法的五栏表技术，重新构建正向积极的自我认知。**五栏表技术是认知行为疗法中一种非常实用的方法，它能帮助来访者识别和记录自己的思维、情绪和行为，从而更好地帮助来访者理解、反思和重构心理状态和认知模式。五栏表技术的表格通常包括五个栏目，分别是问题情景、情绪状态、自动思维、证据反驳与应对和认知重构后的替代性思维。**

第一，问题情境一栏，来访者需要记录下自己遇到的具体问题或情境，可以是一个具体的事件、人物或情感状态。第二，情绪状态栏，来访者需要记录下自己在问题或情境中的情绪反应，可能包括焦虑、抑郁、愤怒等情绪状态，尽可能全面真实地描述自己的情绪、情感状态。第三，自动思维栏，来访者需要记录下在遇到问题或某种情境时，自己头脑中产生的自动思维和想法是什么，可能包括对事件的评价、对自我的看法以及对未来的预测等。例如"我就是一个失败者""我简直蠢透了，一无是处"或者"我的未来全完了"等负面认知。第四，证据反驳与应对栏，来访者要反思和回答以下问题。有什么证据可以证明自动思维是真的呢？有没有其他可替代性的解释？假如是真的，最坏的结果是什么？最好的结果是什么？最现实的结果是什么？假如你相信自动思维是真的，会给你带来什么影响呢？如果改变想法，又会带给你什么影响呢？假如你有一个朋友有了这个想法，你会告诉他什么呢？第五，最后一栏是认知重构后的替代思维，通过事实澄清、反驳辩论、苏格拉底式提问等方式，找到更为客观、积极正向的思维表达，并将其不断强化，入心入脑。

小艾：好的，我就用认知行为疗法的五栏法来梳理自己的情况（表5-2）。问题情境栏，我失恋了，男朋友离开了我，闺蜜背叛了我；情绪状况栏，我感到愤怒、沮丧、懊悔、郁闷和无助；自动思维栏，我是一个失败者，我没有谈恋爱的能力，失去了恋爱资格，我一无是处，事情一团糟等；证据反驳与应对栏，虽然我失恋了，但我依然是一个优秀的女生。我曾获得过全市演讲比赛的冠军，我在演讲、体育和工作中表现非常优异；虽然闺蜜背叛了我，但我依然是一个喜欢交朋友的人。我是户外旅行团、即兴演讲团等很多社会公益组织的骨干，很多男孩女孩都愿意和我交朋友。认知重构后的替代思维栏，恋爱只是生活的一小部分，失恋也仅仅是我情感世界的一小部分，这段情感让我知道了什么是真爱，学会了如何去爱，让我知道爱是一种互动，爱是彼此的支持而非一方的依赖或牺牲，同时爱应该是促进双方心智共同成长的过程。我学会了温柔而有边界地处理我的情感和关系。

原野：失恋不是终点，而是成长的起点；失去是为了更好地遇见，真爱总在不经意间出现。

表5-2　小艾的五栏法分析表

问题情境栏	情绪状况栏	自动思维栏	证据反驳与应对栏	认知重构后的替代思维栏
我失恋了，男朋友离开了我，闺蜜背叛了我	我感到愤怒、沮丧、懊悔、郁闷和无助	我是一个失败者，我没有谈恋爱的能力，失去了恋爱资格，我一无是处，事情一团糟等	虽然我失恋了，但我依然是一个优秀的女生。我曾获得过全市演讲比赛的冠军，我在演讲、体育和工作中表现非常优异。虽然闺蜜背叛了我，但我依然是一个喜欢交朋友的人。我是户外旅行团、即兴演讲团等很多社会公益组织的骨干，很多男孩女孩都愿意和我交朋友	恋爱只是生活的一小部分，失恋也仅仅是我情感世界的一小部分，这段情感让我知道了什么是真爱，学会了如何去爱，让我知道爱是一种互动，爱是彼此的支持而非一方的依赖或牺牲，同时爱应该是促进双方心智共同成长的过程。我学会了温柔而有边界地处理我的情感和关系

小艾：经过这次咨询，我感受到爱情不是生活的全部，仅仅是整个生活的一小部分。真爱不取决于他人评价，而体现在自己的充盈和成长。我突然很感谢这段失恋的创伤，它

让我知道了什么是爱，如何去爱，也让我找到了真实的自己，接纳过去的自己，也意味着我能重新拥抱未来的自己。

认知重构：提升自尊，遇见熠熠生辉的自己

小艾：原野老师，对于失恋的创伤，我得到了非常好的疗愈，现在睹物思人回想起曾经的恋情，没有那么大的情绪，也没有那么多的负面思维和想法。不过我在生活和工作中，一旦遇到某些困难或者别人的评价，就会出现一些否定自己的负面情绪和思维，这些给我造成了一些困扰，我想未来它可能也会影响我重新走入一段新的恋情。我如何从根本上变得自尊感强、自信心高、自我价值感大呢？

原野：你的问题非常好，因为你成长和成熟的方向，开始从恋爱情感的单一维度，走向了生活生命的整体维度。其实，通过失恋创伤所产生的负面自动思维，可以折射出你整体的自尊水平有待提高。**自尊的核心就是对自己有正确的认识，形成积极客观的自我认同，能看到自身的价值感。**但因为失恋创伤所反映的深层次的性格维度中的自卑和自尊问题，则需要你全面提升自我认知水平和强化良好的自我感觉等途径来实现。

小艾：确实如你所说，我整体感觉都不太自信，一遇到

些事情就会批判和否定自己，情绪也挺负面的，只不过因为这次失恋的创伤，让这个问题的严重性和普遍性充分暴露了出来。所以如果我能从性格维度、认知维度等底层逻辑上整体提升自尊水平、自信心和自我价值感，这应该是一件非常棒的事情啊！

原野：**积极的自尊是我们健康人格的核心要素。**我们从小到大成长的过程中，原生家庭、社会习俗、教育环境、环境变故等因素都可能会让我们产生片面、扭曲或错误的自我认知，它们就像游乐场里的哈哈镜一样，夸大缺点，缩小优点，让我们看不到客观真实的自我形象。若受到失真自我认知的长期影响，我们必然会出现自尊水平低、情绪低落和自卑感强烈等心理问题。因此，我们需要重新梳理和调整自我认知，这是根本上摆脱情感创伤，并提升性格自尊自爱水平的重要途径。

我们可以借助著名心理学家马修·麦凯的自我认知分析法，通过外貌、个性、人际交往、他人对我们的看法、工作学习能力、处理日常事务的能力、情感情绪能力等自我认知因素图谱（图5-6），找到自我认知的失真点，调整观点想法，重构认知系统，形成客观、正向和积极的自我认知全貌，提升自尊自爱水平，从而获得持久和坚定的自我信心和自我价值。

所有因素分析中，如果你认为自己满意、有优势的方面，就标注（＋），如果你认为是劣势或者需要提升的方面，就标注（－）。首先我们从外貌开始做自我认知的分析，不过我要提醒你，不要陷入容貌焦虑中，每个女孩子都有自己独特的美。

图 5-6　自我认知因素图谱

小艾：**外貌因素。**乌黑的长发（＋）；近视眼（－）；皮肤比较黑（－）；笑容有酒窝，比较好看（＋）；有两颗龅牙（－）；身材臃肿，肥胖（－）；身高163cm（＋）；休闲着装风格（＋）。

个性因素。有责任心（＋）；情绪容易激惹（－）；害怕孤独（－）；有依赖感（－）；友好热情（＋）；想办法取悦别人（－）；外向，爱说（＋）；遇到问题就容易回避或者放弃（－）；爱好八卦新闻（－）；喜欢看王家卫的文艺片（＋）。

人际交往因素。热情开朗（＋）；边界感比较差（－）；心太软，不懂得拒绝（－）；沟通能力比较好（＋）；爱面子，有点虚伪（－）；遇到冲突容易语言暴力（－）；幽默细胞比较多（＋）；有些事容易后悔，自责自罪感强（－）。

他人对我们的看法。健忘症（－）；阳光开朗（＋）；一无是处，毫无价值（－）；工作能力差（－）；有知心朋友（＋）；爱情失败者（－）。

工作学习能力。踏实认真（＋）；勤奋努力（＋）；文案写作能力一塌糊涂（－）；不愿意做一成不变的任务（－）；遇事急躁，容易情绪化（－）；人缘比较好（＋）；容易过度投入，筋疲力尽（－）。

处理日常事务的能力：容易健忘，经常丢三落四（－）；拖延症（－）；喜欢插花和做家务（＋）；反复查看安全门锁，强迫症（－）；遇事凭感觉，不带脑子（－）；安全意识比较强（＋）；好奇感强，爱学习（＋）。

情绪情感能力。自我觉察能力比较强（＋）；情绪调节能力比较差（－）；只关注自己的情绪感受，很自私（－）；能正常表达自己的情绪感受（＋）；适应能力比较差（－）；能理解和感受他人的情绪，共情能力比较强（＋）；爱唠叨，念念叨叨让人很烦（－）。

原野：你对于自我认知的分析很全面，但人无完人，关键在于我们如何去看待我们的缺点和不足。从某种程度上说，**缺点是启发自我成长的契机，而不是毁灭自我尊严的借口。**

你有些对于缺点的自我陈述，使用了贬义词和笼统的语言，带有伤害自我尊严和自我价值的倾向，例如龅牙等描述，你应该符合客观实际的陈述，例如修改为有两颗突出的门牙等。接下来，我们运用缺点认知转化表格，对所有自我认知的缺点进行系统转换，使用客观中性的语言，而不使用贬义片面的语言；用正确具体的语言，而不用笼统绝对的语言；用动机善良的语言，而不用行为缺陷的语言。

小艾：**外貌因素**。近视眼（－），左眼视力 300 度，右眼视力 500 度；皮肤比较黑（－），呈现出日光浴后的健康颜色；有两颗略突出些的门牙（－）；身材臃肿、肥胖（－），体重 75kg。

个性因素。情绪容易激惹（－），上周内和父母生气 2 次；害怕孤独（－），晚上 10 点后回到家里，心里会有些紧张不安，渴望有人陪伴和支持；有依赖感（－），特别愿意表达对别人的喜欢和爱恋；总是想办法取悦别人（－），愿意对亲人和朋友表达他们对于我的价值和爱；遇到问题就容易回避或者放弃（－），上周厕所的门把手坏了没有及时联系工人修理；爱好八卦新闻（－），爱关注别人，希望能给予他人力所能及的帮助。

人际交往因素。边界感比较差（－），会对关系比较亲近的人表达出热心和关爱；心太软、不懂得拒绝（－），亲人朋友们需要帮助时，不忍心袖手旁观；爱面子、有点虚伪（－），不愿意在亲友面前表达愤怒，不愿意让别人担心自己的生活境遇；遇到冲突容易使用语言暴力（－），因为搬家的事情，我和工人吵架了，但已经和解了；有些事容易后悔，自责自罪感强（－），对自己的要求有点高，总想成为更好更优秀的人。

他人对我们的看法。健忘症（－），上周忘记了妈妈的生日，还有一次忘记了给领导发邮件，但这些都没有造成严重的影响和损失；一无是处、毫无价值（－），对时政新闻了解很少、对地理和历史知识比较缺乏，但对管理学、美食、家装设计和街舞等方面比较擅长；工作能力差（－），上周没有完成工作绩效的考核，但前三周都没有问题，其中一周还成为销售冠军；爱情失败者（－），失恋了一次，并且情感情绪已经恢复好了。

工作学习能力。文案写作能力一塌糊涂（－），昨天领导安排写一份工作总结，我一直没有思路，到现在为止还没有完成；不愿意做一成不变的任务（－），喜欢工作富有变化，具有创新精神；遇事急躁，容易情绪化（－），遇到别人误解自己，容易生气，但一般可以通过充分沟通，与人达成尊重和理解；容易过度投入，筋疲力尽（－），上周工作盘点，一直站着工作，腰酸背痛。

处理日常事务的能力。容易健忘，经常丢三落四（－），昨天忘记带钥匙了，找修锁师傅开得门，但这样的事情三年里仅发生过一次；拖延症（－），对于写总结和拜访客户报告有些拖拉，但其他事情都能按时圆满完成；反复查看安全门锁，强迫症（－），偶尔锁好门后，有返回查看锁门情况，对独立承担的事情有完美主义的倾向；遇事凭感觉，不带脑子（－），前天跟领导汇报工作，有一点工作疏漏，但平日的工作都非常顺利。

情绪情感能力。情绪调节能力比较差（－），当自己愤怒、焦虑的时候，常需要 2~3 小时才能平复心情；只关注自己的情绪感受，很自私（－），总是只注重自己的情绪和情感，其实在发生冲突以后要尽可能站在对方的立场去考虑问题；适应能力比较差（－），离开家去外地，刚开始几天睡眠不好，一般 3天以后能调整好状态；爱唠叨，念念叨叨让人很烦（－），对于自己非常喜欢和在意的事情，会重复说 2~3 遍。

原野：你做得非常好。当我们把自我贬损的语言剔除掉，把笼统含糊的语言替换掉，把片面歪曲的观点调适好，增加上自我反思后得到的优点和积极情况，那么，一份真实客观且积极正向的全新的自我认知便会浮出水面，这才是你真实的样子！每天看三遍，大声朗读一遍，坚持四周的时间，记住它，消化它，和它融为一体！

小艾：我身高 163cm，体重 75kg，有乌黑的长发，有两颗略突出些的门牙，笑容有酒窝，比较好看，左眼视力 300 度、右眼视力 500 度，皮肤略暗，呈现出日光浴后的健康颜色，休闲的着装风格。

我是个责任心很强、友好热情的人，偶尔会和父母生气，晚上 10 点后回到家里心里会有些紧张不安。我特别愿意表达对别人的喜欢和爱恋，也愿意表达我对他们的价值和爱，我爱关注别人，希望能给予力所能及的帮助，同时喜欢看王家卫的文艺片。

我是一个热情开朗的人，沟通能力比较好，我会对关系比较亲近的人表达出热心和关爱，当亲人朋友需要帮助时，不忍心袖手旁观；我幽默细胞比较多，不愿意在亲友面前表达愤怒，不愿意让别人担心自己的生活境遇。偶尔也会因为与他人理念不同而起冲突，但通常会较快地和解。我对自己的要求有点高，总想成为更优秀的人。

我是一个阳光开朗的知心朋友，尽管我对时政新闻了解很少、对地理和历史知识比较缺乏，但我对管理学、美食、家装设计和街舞等方面比较擅长；我偶尔会忘记重要事项，但从没有造成严重的影响和损失，也算是亡羊补牢，以后会多注意；我失恋了一次，但失恋创伤的情感情绪已经恢复好了，今年 31 岁，还没有步入婚姻，未来我一定会遇到心中的白马王子。

　　我是个踏实认真、勤奋努力的人，人缘比较好，喜欢工作富有变化，具有一定创新精神和能力，偶尔会因为工作太投入，让自己腰酸背痛，身体是革命的本钱，以后要注意劳逸结合；遇到别人误解自己，容易生气，但很快会通过充分沟通达成尊重和理解，另外自己的写作能力需要精进，努力成为写作达人。我工作能力还是很强的，上个月前三周业绩都不错，其中一周还成为企业的销售冠军。

　　我是一个好奇心强、爱学习的人，喜欢插花和做家务，安全意识比较强，偶尔会忘记带钥匙，对独立承担的事情有完美主义的倾向，以后我对自己要更宽容；我对于写总结和拜访客户的事情有些抵触，但绝大多数事情都能按时圆满完成，平日的工作都非常顺利，要学会清单管理，努力克服小疏忽。

　　我是一个自我觉察能力比较强的人，能正常表达自己的情绪感受，也能理解和感受他人的情绪，共情能力比较强；偶尔有愤怒、焦虑等负面情绪的时候，我一般需要2~3小时才能平复心情；对于自己喜欢和在意的事情，我会重复说2~3遍；当我离开家去外地工作生活，刚开始几天会睡眠不好，一般3天以后能调整好状态；我知道每个人都注重自己的情绪和情感问题，当发生冲突以后，我要多站在对方的立场去考虑问题，推己及人啊！

原野：祝贺你得到了一份全新的自我认知。运用好这份崭新的、被重构过的自我认知，将让你拥有正向自信的态度，看到生活和工作中更积极健康的状态。接下来，我们通过设置积极信念的心锚，将美好的想象、激情的音乐等现实场景与自信心、使命感和自我价值等良好感觉联系起来。例如，当我们听到迪士尼的某段音乐，可能会想象到快乐的迪士尼动画片，此时的音乐刺激和快乐动画片的联系是相对稳定的，这就是一个心锚点。当我们处于情绪低落、精神萎靡的时候，可以将这些积极信念的心锚激活，刺激和强化积极情绪和信念，让我们重回情绪体验的巅峰感觉。

小艾：是啊，太棒了，积极信念心锚是我的"菜"！我的想象力非常丰富，音乐鉴赏能力也非常强，积极的心锚技术应该更适应我。那么，我在日常生活中怎样运用积极信念的心锚技术，正向积极地体验生活呢？

原野：心锚技术，主要是基于巴甫洛夫的条件反射理论，即人的某种情绪与行为、某种外界的刺激或信号产生了链接，形成条件反射。简单来说，就是通过反复将某个刺激与某种反应进行配对，使得当这个刺激再次出现时，个体会自动地产生相应的反应。

设置积极的心锚有助于个体在面对挑战或困难时保持积极的心态和情绪，从而更好地应对问题，走出困境。一般而言，设置积极心锚会经过四个阶段。第一，确定建立的心锚状态，例如，在面对压力时应保持冷静和自信。第二，选择一个适当的画面、音乐或者动作等刺激物作为心锚，这个刺激物必须是独特的、易于识别的，并且与想要建立的状态有强烈的关联，例如握紧拳头或深呼吸，可以作为保持冷静和自信的心锚。第三，在进入想要的状态时，反复呈现心锚刺激，例如在感到压力时握紧拳头并深呼吸几次，让自己逐渐进入冷静和自信的状态。第四，关于心锚的练习和强化。通过反复练习和强化，个体可以在面对压力时自动地呈现出冷静和自信的状态。

想象一下，在设置成就信念的心锚时，你可以想象自己获得了全市业务竞赛第一名的场景，鲜花簇拥，掌声阵阵，有人欢呼雀跃，有人击掌祝贺，所有的聚光灯都打在你身上，再配上经典震撼的音乐，你就是世界之王，爆棚的自信心和自豪感将油然而生。反复练习，就会建立起成就信念的心锚链接。在设置价值信念的心锚时，你可以想象自己曾经帮助过的一位朋友，她胸前捧着一束鲜花，走过来向你表达感谢，她诉说着你对她的帮助和价值，你怎样给她关爱和信心，帮她走出低谷，获得成功。她热烈真诚地拥抱你，让你感觉自己是一个能给别人带去温暖和爱的有价值的人，再配上经典的情感音乐《朋友》，让这种温馨暖意的感觉瞬时充盈你的心中。通过这些刻意练习，你就可以建立起价值信念的心锚链接。

爱情地图：拓展界限，让爱的星火燎原

爱情不过是促进心灵成长的通道，人们往往是经过恋爱的洗礼才能看到自己最真实的样子。小艾曾深陷"爱情是生命唯一"的不理性依恋关系之中，全神贯注地投入爱情中，忽略了自身成长，投射出了童年创伤，并形成了依赖、精神关注和自我牺牲等消极性的情感链接。这些都源于她自身童年缺乏爱，渴望通过与男友的爱恋关系获得爱的滋养和满足；而一旦失去这种情感链接关系，她就感觉心神不宁，生活的世界转瞬崩塌。

在咨询中，我帮助她摆脱了情感反刍的痛苦，让她洞察到自己消极性依恋的情感问题，深刻理解了爱情是恋爱双方心智共同成长的互动过程，并通过认知行为疗法的五栏法和认知重构的自我认知谱图，帮助她撕掉有毒标签，重构积极正向的自我认同。此外，关注自身心智成熟和多彩生活，提升自尊和自爱的水平和能力，这是让小艾彻底摆脱失恋情感旋涡、重新获得爱情幸福能力的底层逻辑。

一方面，我深入了解小艾的工作特点和兴趣爱好，帮助

其设计了学习和成长课程，协助其规划了工作和生活日程，让其培养和强化自爱、自尊和自信的精神品质，帮助其享受快乐充实的工作和生活。这样既消除了情感创伤，也在学习发展中充实了心智，提升了能力；另一方面，我还将引入爱情地图的理念，这样可以帮助小艾在将来重新进入一段恋情后，正确了解和认知对方、深化情感关系，以及促进恋情的和谐发展。爱情地图是指一个人在心中对情感伴侣的详细认知，包括伴侣的喜好、厌恶、梦想、恐惧等各个方面的信息。这些信息有助于加深双方的理解，从而增强彼此之间的亲密关系。其中著名的亚瑟·艾伦36问，便是开启爱情地图最好的入口，从点到面，从面到体，为恋爱双方成为心智一起成长的爱情共同体奠定认知基础。

亚瑟·艾伦36问

美国心理学家亚瑟·艾伦做过一个实验，他叫几个陌生人分组两两坐在一起，让他们在45分钟内，问完对方特定的问题，之后再深情对视对方4分钟。这个实验的神奇之处在于，问完这36个特定的问题，便能让人产生熟悉感。

1. 假如可以选择世界上任何人，那么你希望邀请谁共进晚餐？

2. 你希望成名吗? 在哪一方面?

3. 拨打电话前, 你会先练习要说的话吗? 为什么?

4. 对你来说, 怎样才算是"完美"的一天?

5. 上一次唱歌给自己听是什么时候? 唱歌给别人听又是什么时候呢?

6. 假如你能够活到 90 岁, 同时可以一直保持 30 岁时的心智或身体, 你会选择保持哪一种呢?

7. 关于未来你可能会怎么死, 你有自己的秘密预感吗?

8. 列举 3 个你和对方共同拥有的特质。

9. 你的人生中最感恩的事情是什么?

10. 假如可以改变你成长过程中的任何事, 你希望有哪些改变?

11. 用 4 分钟的时间, 尽可能详细地向对方讲述你的人生故事。

12. 假如明天早上起床后你能获得任何一种能力或特质, 你希望是什么?

13. 假如有颗水晶球能告诉你关于自己、人生或未来的一切真相, 你想知道什么?

14. 有什么事你想做很久了? 还没去做的原因是什么?

15. 你人生中最大的成就是什么？

16. 友情中你最重视哪一部分？

17. 你最珍贵的回忆是什么？

18. 你最糟糕的回忆是什么？

19. 如果你知道自己将在一年内突然死去，你会改变自己目前的生活方式吗？为什么？

20. 友情对你而言意味着什么？

21. 爱和感情在你生命里扮演什么样的角色？

22. 轮流分享你认为对方拥有的比较好的性格特点。每人各自提5点。

23. 你的家庭关系亲密温暖吗？你是否觉得自己的童年比大部分人快乐？

24. 你与母亲的关系如何？

25. 说出3个含有"我们"并且符合实际情况的句子，比如"我们现在都在这个房间里"。

26. 完成这个句子，"我希望可以跟某个人分享_____"。

27. 如果你要成为对方的密友，有什么事是他或她需要知道的？

28. 告诉对方你喜欢他或她的什么地方（回答此题必须非常诚实，要说出你可能不会对刚认识的人说的事）。

29. 和对方分享你人生中尴尬的时刻。

30. 你上次在别人面前哭是什么时候？自己偷偷哭又是什么时候？

31. 告诉对方，你现在喜欢他或她什么地方。

32. 你有什么事是绝对不能开玩笑的？

33. 如果你今天晚上就会死掉，而且无法与任何人联系，那么你最遗憾还没有告诉别人什么事？为什么还没说呢？

34. 你的房子起火了，所有的东西都在里面。在救出所爱的人和宠物后，你还有时间可以安全地抢救出最后一件东西。你会拿什么？为什么？

35. 在你所有的家人当中，谁的死对你的打击会最大？为什么？

36. 分享你人生中的一个问题，问对方遇到这样的问题会怎么做。同时也请对方告诉你，在他或她看来，你对这个问题的感受是什么。

在失恋的痛苦中，小艾像一朵被风暴摧残的花，泪水是她唯一的语言，心碎成了她灵魂的刺青。然而随着心理咨询和疗愈的开展，这朵花缓缓展开了新的花瓣。她开始理解，爱情不是单向的依赖、自我的牺牲和精神关注，而是两颗心交织互动，共同走上一段让心智逐渐成熟的旅程。她在自省的镜子前，学会了自尊、自爱和自信，掌握了认知重构的技巧，终于看到了那个尘封已久但仍熠熠生辉的自我。现在，她站在生命的十字路口，内心坚定而从容，因为她已经拥有了爱情最坚实的根基——成熟之爱的认知，以及自尊、自爱、自信的能力。她准备好了，以一个成熟的灵魂，去迎接下一段平等、尊重、共同成长的爱情。

CHAPTER 6
第六章

社恐孤岛：

孑然一身的我，
融入给予爱和力量的群体

身陷社交恐惧，并不意味着你就不能成为一个出色的演讲者。

——奥普拉·温弗瑞

人的一切烦恼，皆源于人际关系

"大家都说，没有人能生活在一座与世隔绝的孤岛上，但我却在这个孤岛上生活已久。"和默笙熟识起来后，他半开玩笑地说出自己的心理困扰。

默笙是一位职场新人，因为严重的社交恐惧找到了我。他穿着深灰色的休闲装，显得朴素而低调，面容略显疲惫，眉头微蹙，透出一丝不易察觉、被强力压抑的紧张，双手紧紧握在一起，仿佛在积蓄跨进屋子的力量。之后，他缓缓走进咨询室，每一步都显得小心谨慎，眼神游移不定，不敢与室内的任何物件对视，仿佛那些静默的存在都是评判他的目光。他坐在我侧面，嘴唇微动，似乎想先说些什么，但最终只是发出了一声深深的叹息。我微笑着向他伸出手，打破这僵硬的沉默："你好，我是咨询师原野，欢迎你来这里！"我的声音温和而坚定，希望能给他带来一丝温暖和支持。他抬头看了我一下，眼神中闪过一丝惊慌，随即又迅速低下头。最终，他用喉咙里挤出的低沉得好像只有自己能听到的声音回应着："你好。"

这一刻，咨询室的空气中弥漫着一种微妙而复杂的氛围。我知道，这场对话，将会是一段艰难而充满挑战的旅程。

"社恐"，全称为"社交恐惧症"或"社交焦虑障碍"，已成为青年人越来越流行的网络用语，表示害怕在现实生活中的社交活动。2023 年 5 月,《中国青年报》记者对 2001 名 18 岁至 35 岁青年进行调查，约 64% 的受访者表示，自己存在心理上或行动上的"社交卡顿"。具体来说，约 27% 的人线下社交有障碍，17% 的人线上社交存在障碍，还有约 20% 的人线上、线下开展社交活动都很难。

其实，社交恐惧普遍化的现象让很多人感到不可思议。这是一个物质丰富、交通便利、通信发达的时代，年轻人生活在如此优越的环境中，似乎拥有前所未有的便利和自由。他们本可以通过线上、线下数不清的方式产生千丝万缕的联系和交流，而实际情况却是，很多年轻人似乎被一种无形的束缚所困扰，内心的压力和焦虑难以言表。他们害怕与人交往，畏惧走进人群，害怕面对复杂的人际关系，害怕面对陌生人的目光，宁愿消失在人群中，独自一人沉浸在虚拟的网络世界中，也不愿在人群中失去自我。

正如默笙谈到自己的社交恐惧："日常联系，能打字就绝不用语音；路上碰到熟人，我会慌忙低头假装没看见；聚会的时候总是低头吃东西，不愿意开口讲话；宁愿待在家里无聊，也不愿意和朋友外出游玩；说话的时候，不敢直视对方的眼睛；害怕认识新朋友，和不熟悉的人待在一起会非常不自在；公开场合不想成为焦点，渴望是一个谁都不注意的'隐形人'……其实，我自己也十分矛盾，不敢去打扰任何人，却又渴望被打扰。生活中充斥着社交的紧张、焦虑和纠结，生活仿佛一团糟！"

社恐者仿佛经历了一场内心的独角戏，表演者在无尽的自我批判与自我期望之间徘徊。

原野：我理解你的苦恼。著名的阿德勒学派认为，人的一切烦恼，皆来源于人际关系。阿德勒在著作《生活的科学》中指出，每个人都会面临三大人生课题——职业问题、社会适应问题、婚恋问题。职业问题，涉及人类如何在资源有限的地球上生存，如何利用自己的能力和才华创造价值和满足需求；社会适应问题，是指人类如何在茫茫人海中进行定位和合作，如何与他人建立良好的关系和沟通；婚恋问题，是指人类如何在两性存续中繁衍和获得幸福，如何与异性建立亲密的关系。人生三大课题都要面对人与人的交往问题，是无法回避的现实问题。

默笙：我认同你的观点，但对我来说，正常的社会交往可能是一个遥遥无期的目标。每一次与人交流，都像是一场无声的战斗，我会心跳加速，手心冒汗，仿佛整个世界都在注视着自己，自己的每一个细微的动作和表情都被无限放大；想说的话淹没在紧张焦虑的情绪里，大脑一片空白，喉咙也仿佛被一只无形的手紧紧卡住，一句完整的话都说不出来。其实我内心也纠结矛盾，渴望被理解，渴望被接纳，又害怕被误解，害怕被嘲笑，害怕自己的脆弱被人看穿。一次一次的社交恐惧体验已经让我打算放弃了！可能我一辈子都要在一个人的世界里度过了！

原野：很多社交恐惧的人都有你这样的感觉。当巨大的焦虑紧张来袭，一切美好的准备都前功尽弃。因此，缓解紧张焦虑的负面情绪是应对社交恐惧的第一步。

美国心理疗愈专家尼克·奥特纳在著作《轻疗愈》中记述了迅速缓解紧张焦虑的技术——情绪敲击释放疗法。它是一套结合了东方经络穴位按摩及西方心理学的能量疗法，应该对社交恐惧有较强的缓解和疗愈作用。

首先，**确定"压力王"事件**，就是让自己最紧张和最焦虑的事件场景。其次，用心理量尺给"压力王"事件评分，压力最高计 10 分，没有任何压力计 0 分。最后，**准备一句问题描述语**，例如"尽管和陌生人说话让我焦虑恐惧，但我还是全然地接受自己"。

之后，使用敲击疗法（图 6-1）。先将右手四指并拢，敲

击左手的手刀点，一边说问题描述语，一边敲击，一般在
8~12遍；接着一边说问题描述语，一边按照顺序敲击8个穴
位：眉毛内侧、眼睛外侧、双眼下方、鼻子下方、下巴、锁
骨下方、腋下，最后是头顶。敲完之后做一下深呼吸，让自
己充分放松下来，这样就完成了第一轮敲击。再左右互换，
用同样的操作流程完成第二轮敲击。感受一下情绪的变化情
况，用心理量尺对情绪情感状态进行评分。

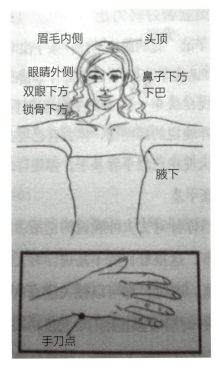

图6-1 情绪敲击疗法穴位

接着继续以上敲击，完成 4~6 轮。一般当你感觉对"压力王"事件的评分降到 4 分甚至更低时，意味着你已经能够平静从容地看待和处理"压力王事件"了，可以选择停止敲击疗法，整个敲击治疗的过程大约需要 15 分钟。

情绪敲击释放疗法是一种身心统合疗法，简单安全，只需敲一敲，就可以迅速消除紧张、焦虑、恐惧等负面情绪，缓解社交压力；同时，它不需要咨询师进行现场指导，我们在任何地点都可以自行操作，从而让自己平静下来，理性地面对问题；同时，情绪敲击释放疗法还提供了一种积极的自我暗示，调动内在能量和意志，帮助实施者消除压力与负面情绪，是一种内求的自我疗愈的方法。

心理探源：内心住着一个幼稚的婴儿

默笙：原野老师，通过情绪敲击释放疗法，我的紧张感和恐惧感有了比较好的改善，社交恐惧的症状好像也得到了缓解。

原野：祝贺你！其实身心是一体的，我们的身躯世界和心理世界是和谐共鸣的。**情绪心理学认为，身体与情绪之间存在着千丝万缕的联系，当身体处于紧张状态时，情绪也会随之紧绷，如同琴弦过紧，奏出的乐章也会紧张艰涩；一旦**

身体放松下来，紧张和恐惧的情绪便如潮水般退去，因为身体放松能够引发神经系统的舒缓反应，降低应激激素的分泌，从而使我们的心灵恢复平静。只有在身心放松的状态下，我们才能够以清醒和理性的态度面对社交中的挑战。

默笙：确实如此。回顾我社交恐惧的过往，简直糟糕至极。好像从记事起，我就离群索居，没有什么朋友。路上碰到熟人走在前面，我想过去打个招呼，却又怕尴尬；之前在学校里跟同学们讨论问题，人家有些话没讲清楚，我也不好意思问第二遍；碰到陌生人，我更是情绪紧张恐惧、不知所措；我和熟悉的人说话都不自信，不敢看别人眼睛，害怕别人不理自己，弄得大家都很不自在。因为社交困扰，很多友谊的小船都触礁沉没了。

其实我自己也很困惑，人天生下来怕黑、怕疼、怕蛇，这是原始本能；但像我这样怕人，难道也是天生基因带来的毛病吗？真是百思不得其解啊！

原野：社交恐惧并非是天生的烙印，它更像是心灵的迷雾、创伤的痕迹，是人们在生活中习得性的社会防御。**一些心理学理论认为，社交恐惧源于个体在成长过程中的经历与体验，可能是原生家庭的不安全感、早期社交受挫、严苛控制的家庭环境，或是自我认知的偏差等因素共同作用的结果。** 它并非天生就有，也并非一成不变，我们可以通过对内心世界的探索与理解，找到引发社交恐惧的原因，做到有的放矢。
接下来，你可以做一个"至简"心理沙盘，把内心世界投射
出来，我们看看能不能找到引发你社交恐惧的线索。

"至简"心理沙盘进行中，默笙先在沙盘的左上角放置了
一大一小两座房子，挨着房子放置了衣橱、架子、床、摇椅等
室内物品。之后又放入一座小房子，接着在沙盘的右上角摆放
了单孔燃气炉、高压锅、称食物的天平、碗碟等厨房用具。接
下来他又拿来了茄子、烤肉、烤鸡、两个鸡蛋、两大篮水果和
蔬菜。随后他又把一个玩具婴儿放在中间，旁边配了一个洗澡
盆。接着，他又在沙盘的右下角放置了飞机、小汽车、摩托
车、挖掘机和歪歪扭扭的火车。最后在中间挖了一个小池塘，
并在池塘边建了一小块可供休闲的绿地（图 6-2）。

图 6-2　默笙的心理沙盘

　　根据"至简"心理沙盘的流程，默笙分享了沙盘世界的故事。沙盘中的样子是他最爱的世界，作品的名字叫作"吃喝不愁"。沙盘里有卧室、有厨房、有家具、有吃的东西、有游玩的场所，还有旅游的交通工具。另外，他说特别自己喜欢小孩儿，所以放置了一个小婴儿。最后，当我问他完成沙盘的感受时，默笙说感觉很好，自己的世界就要简单些，吃穿住行都有了，挺满足的。

　　其实通过心理沙盘分析，我们可以清楚地看到默笙的内心世界。沙盘里有很多房子，可以看出他对家庭深深的依恋和依赖，内心可能有不安全感。沙盘世界中只有吃穿住行，投射出默笙的精神世界非常匮乏，只关注生存层面的物质需求，视野和格局非常狭窄。同时，他摆放物品随意且无序，甚至有些物品被倾斜和倒置着摆放，说明他秩序感差，自理能力弱，生活懒散，自制力差。另外，沙盘中没有人际关系的交流互动，没有当前工作职场的痕迹，表明他以自我为中心，缺乏与同事、朋友和社会的链接，社会交往动力不足。最重要的是，默笙以"喜欢小孩儿"的理由放入了唯一一个人物——婴儿，可能更多投射出在其潜意识中，自己就是那个婴儿。他渴望以自己的需求为中心，以自己的意识为中心，别人都要像对待婴儿一样关心他，爱护他，照顾他，不能侵犯他的利益，而他却没有能力和动力为他人服务和付出。总之，默笙的心理沙盘呈现出自我、幼稚、心智不成熟的精神状态。

原野：**从心理沙盘的理论分析上看，你的内心住着一个自我和幼稚的婴儿。**我们都知道，当婴幼儿饥饿或者无聊时，他们马上会用哭闹的情绪来表达自己的不舒服，而他们一旦获得生理满足或精神抚慰后，马上就会喜笑颜开，用喜悦的情绪来表达自己的舒适。当一个成人用婴儿的方式生活，遇到问题，情绪马上失控，丧失思考和理智，逃避退缩，这显然会给自己的人际交往带来严重的影响。不知道沙盘里的婴儿是你现在的状态呢，还是你向往的状态呢？

默笙：沙盘太神奇了，好像这两种感觉都有吧！从小到大，我虽然跟爸妈一起生活，但他们都各忙各的，很少跟我交流。在我的记忆里，好像都没有一家三口在一起的印象，所以我心思单纯，总有一种没有长大的感觉。因此在人际交往中，当我想加入他人的话题，却不知从何入手，人家讨论的我不知道，我知道的人家不感兴趣，好像跟同龄人没有生活在同一个时代。此外，每次遇到问题，我总是想着逃避，不想承受尴尬、自卑、恐惧等负面情绪的煎熬，特别想回到小时候那种自由自在、没有烦恼的状态。每一次社会交往的挫折，都会让我情绪崩溃，也让社交恐惧的症状愈发糟糕了。

原野：我能理解你的心情，"追逐快乐、逃避痛苦"，这也是人之常情啊！而遇到问题勇敢面对、重新回归理性的情绪管理，是心智成熟的重要标志。**大脑拥有深度思考和处理情绪两项功能，当一个人被强烈的情绪淹没时，正常的思考功能会被完全阻断，无法进行全面分析和理性思考，只能消极逃避，成为情绪肆意妄为的"奴隶"。**

我们要永远把注意力放在结果上，而不是放在情绪上。当面临解决社交困扰问题时，如果我们把注意力放在目标和结果上，那么我们会正向思考，用正念、正思维、正精进的心态去处理问题，理性地思考如何把问题解决好。总之，情绪管理需要人们充分放松，调整思维认知，培养驾驭情绪的能力，促进心智的成熟。

默笙：看来情绪管理是我心态成熟的必经之路啊！之前的情绪敲击释放疗法可以放松心情，缓解紧张情绪。那还有没有更简单、更快捷的缓解焦虑恐惧的办法呢？多学一点是一点，艺多不压身嘛！

原野：你算是问对人了，确实有一种最简单、最直接的情绪调节的方法。古人讲究"君子佩香"，显示古代文人高雅、卓尔不群的情趣和气质。**当现代积极心理学的研究表明，"君子佩香"有调节情绪的功能。人类大脑负责加工消极情绪的中心是杏仁核，当杏仁核充血兴奋时，容易产生紧张、恐**

惧、焦虑、愤怒等负面情绪。而香气能迅速通过嗅觉神经直达杏仁核，降低兴奋，缓解焦虑恐惧的负面情绪，并引发轻松、愉悦和幸福的积极情绪。因此，常备一种让自己自然舒适的香水，是情绪调整的"速效救心丸"啊！

自我接纳：心不改变，哪里都是八角笼中

默笙：其实我每天最痛苦的时刻，是早上刚睁开眼睛，想到今天要跟领导做汇报，要和几个客户谈公司的事情，还要在公司会议上发言，这一切对我来说都是极大的挑战。除了这些工作任务涌入脑海，还有一些声音从心里冒出来，"我有社恐，不知道怎么办？我太自卑了，别人是不是会嘲笑我？我说话会脸红，我不敢说话怎么办？我一说话就卡壳儿，太丢人怎么办？"这些想法不停地萦绕在我的大脑里，越来越多，挥之不去，让本就心烦的我更加慌张了！

原野：很多社交恐惧的来访者，面对想象或者真实的社交场景，内心都会涌现大量的自我暗示，这些负面思维会让其情绪低落、意志消沉、恐惧退缩，让刚刚鼓起勇气的自己倍受折磨，或者干脆一蹶不振。**因此我们调整和更新这些负面的自我暗示就显得尤为重要。**例如，"我有社恐，不知道怎么办也没关系的；我有社恐，即使有些尴尬、不自在也是可

以的；我有社恐，但这不是生活的全部，没关系的；我有社恐，不知道说什么也没关系的"，等等。

这些接纳的自我暗示非常重要，一方面提醒我们，改变是一个过程，需要和不完美的自己继续相处，要接受这个事实；另一方面，即使有些不合适、不完美的表现，又能怎样呢？天塌不下来，可能只是我们在杞人忧天。

默笙：确实，有时我也自我安慰，"除了生死，没有大事"。但自己太不争气了！记得刚入职时，公司组织全体员工聚会，公司李总临时邀请新入职员工讲讲入职心得。你知道吗？平时如果有公开发言，我都会提前反复演练无数遍，这次突然袭击让我没有任何思想准备。我记得前面两个新同事讲得挺好的，轮到我就闹出了大笑话。当我站起来的时候，会场上所有的目光都聚焦在我身上。我手心冒汗、心跳加速、喉咙发紧，本来是应该感谢李总，结果我站起来后，声音颤抖、结结巴巴地说了一句，"大家好，我是李总"。大家看着我，哄堂大笑，尴尬得我大脑一片空白，几乎想找个地洞钻进去。

我没有办法原谅自己，太愚蠢了，太失败了！每次我和公司的领导、同事沟通交流，那次聚会可笑狼狈的回忆就会蹦出来，让我充满着焦虑、不安和尴尬，这几乎影响了我的正常工作状态，让我痛苦不堪！我都想辞职了，这也是我鼓起勇气来咨询室找你的原因。

原野：听到你的故事，我能感受到职场中你的焦虑、失落和痛苦。这件事确实有些尴尬，它像刺一样扎到你心里，但它不是你生活的全部。**世界这么大，我只看到了尴尬难堪的一个片段！** 心理学有个概念叫作"认知狭窄"，指个体在认知过程中表现出的片面性和局限性，即无法全面、客观地看待事物，而是仅仅关注某一局部或特定的方面。认知狭窄的形成是由于个体长期形成的思维模式和习惯固化，或者由于个体仅根据自己的兴趣、经验和价值观等因素，或者因为紧张焦虑等负面情绪状态，选择性地关注某些信息，忽略了其他信息，阻碍了人们对事物的全面理解和系统判断，因此造成认知错误和决策失误。

默笙：听到你这样说，我突然间想起昨天晚上看的电影《狮子王》里的一个片段。国王木法沙教育儿子辛巴要关照王国里的每一个动物，和它们和谐相处。但辛巴说，爸爸，我们不是吃斑马吗？爸爸说，我们是吃斑马，但我们死去后就会成为草的肥料，斑马又是以草为生的。**如果单从每一个片段来看，事物都是对立冲突的，水火不容；但从整个系统来看，生命是一个循环，是一个和谐的生态系统。** 由此可见，现实世界里，即使存在着对立、隔离和冲突等负性关系，我们依然可以从中找到积极的意义。正如一首诗写道，"感谢伤害我的人，因为他磨炼了我的心志；感谢欺骗我的人，因为他增进了我的见识；感谢遗弃我的人，因为他教导了我独立自主"。

原野：你能联想到生活中的智慧，悟性非常高，给你点赞！你知道吗？当我们只看到、只想到那些生活中悲惨、痛苦、尴尬的场景，因为认知狭窄，大脑就会认为这是事实，这是生活的全部，思维和心态就陷入了悲惨和尴尬的陷阱。这个时候，**自我宽容和自我接纳就显得非常重要了！自我宽容和自我接纳包括对自我形象、身体形象、自己情感、态度、信仰、价值观和身边的人及自己所处环境的接受与适应，自我接纳是自尊的基础条件。我们经常讲人格自尊，其实自尊就是自我满意、自我悦纳和自我价值的统一体。**

默笙：自我宽容和接纳，就是理解和原谅自己的过往行为。让我淡忘那次聚会的尴尬往事吧！昨晚《狮子王》的电影中，也有类似的情节。辛巴被叔叔刀疤陷害，以为自己是杀死国王木法沙的凶手，背负着沉重的心理包袱，甚至丧失了生活的信心和活下去的意愿。这时，两只雨林里的小动物彭彭和丁满交给辛巴快乐的咒语，带着它去享受雨林的昆虫美食和跳水运动，正如歌词所说的"**快乐微笑就好，别管它重不重要**"。这一切让辛巴的心理伤害淡化，渐渐地摆脱心理阴影，重新回归到幸福快乐的生活。

原野：对，世界很奇妙，有时候摆脱心理困境，或许只是一句咒语和一次跳水就足够了！在实际生活中，当我们遇到严重、意外的心灵创伤时，通过享受当下快乐的感觉，暂时性地遮蔽伤害和痛苦具有重要意义。**心理学的语言神经程序技术告诉我们，语言对心理疗愈和思维觉醒作用巨大。**心理学研究表明，感恩能促进大脑分泌多巴胺、内啡肽等愉悦激素，让我们感受到更多的幸福与满足。同时，当我们对他人、事物心怀感激时，便会珍惜眼前的拥有，减少对未来的不安与焦虑。这种正向的情感循环，会让心灵愈发丰盈，生活更加美好。接下来我们用一份感恩清单，探索工作生活的独特性，寻找那份当下的幸福和满足。

默笙的感恩清单

1.感恩家人：他们一直陪伴在我身边，给我无尽的关爱和支持，让我在人生的道路上充满信心和力量。

2.感恩朋友：他们的友谊如同温暖的阳光，照亮了我人生的每一个角落，让我感到不孤单，有人陪伴。

3.感恩工作：它让我有机会发挥自己的才能，实现自己的价值，也让我有了经济上的保障，过上更好的生活。

4.感恩生活：那些看似微不足道的瞬间，比如一杯热茶、一首好歌、一本好书，都让我感到生活的美好和幸福。

5.感恩身体：它是我感知世界、实现梦想的载体，虽然它有时会生病、疲惫，但它始终坚强地支持着我。

6.感恩自然：它赋予我们美丽的风景、清新的空气、丰富的资源，让我们能够在这片土地上安居乐业。

7.感恩学习：它让我不断充实自己，提升自我，也让我更加理解世界、接纳他人。

8.感恩挑战：它们锻炼了我的意志，让我更加坚强和勇敢，也让我更加珍惜生活中的每一份美好。

9.感恩曾经帮助过我的人：他们的善举让我感到人间的温暖，也让我更加愿意去帮助他人、传递爱心。

10.感恩日出日落：它们象征着生命的轮回和希望，让我更加珍惜每一个当下，感恩生活的每一刻。

……

默笙：我静下心来写感恩清单的时候，才发现我拥有这么多宝贵和美好的东西，仿佛忘却了曾经的痛苦、尴尬和未来的焦虑，心理充盈着满满的幸福感和满足感。**每一句感恩的语言都是一次心灵的洗礼，洗净了过去的苦涩，涤净了未来的迷茫。**

即兴戏剧：让人际社交成为生活中的表演

默笙：经过这么长时间的心理咨询，我从内心已经做好改变的准备，想象自己能够自如地与人交谈，不再担心被评判，不再害怕尴尬的沉默。但每次付诸实践，我都会心跳加速，身体轻微颤抖，好像提醒自己，真正走出舒适区、直面逃避已久的社交场景是相当困难的事情。每次当我准备迈出那一步时，心中的恐惧和犹豫就像无形的锁链，紧紧束缚着我。同时，我害怕被拒绝，害怕自己无趣，害怕在众人面前暴露不足等消极的想法又如影随形，一股脑都涌上来了。一次次失败的尝试，让我感觉自己特懦弱、特无能！

原野：我能理解你的感受。**思绪万千，不能脚踏实地；夸夸其谈，很难真扎实干**。内心有改变的动机，这非常好，但依然需要行为的刻意练习。

其实克服社交恐惧症，就像我们初学骑自行车一样，内心有渴望骑行的动力，但开始行动时依然充满了不确定和害怕。刚开始，身体笨拙、紧张和僵硬，心跳加速、手心出汗，担心一不小心就会摔倒。但随着时间推移和不断练习，我们的身体开始适应骑行活动，肌肉记忆逐渐建立起来，便不再那么依赖于有意识的控制。

同样，当我们面对社交场合时，初始的恐惧感就像是站在自行车旁的犹豫不决。我们可能害怕说错话、行为失当或者被他人评判。但当我们开始刻意地练习社交技能，参加聚会、加入讨论小组，或是简单地与陌生人交谈，我们的大脑和身体就会开始适应这种新的社交环境。每一次经历都让我们更加熟悉社交流程和沟通交流。随着时间的积累，我们对于社交的反应变得更自然，焦虑感减少，自信心增强。**这个过程中，身体和大脑都在适应和学习，形成了一种新的身体记忆和反应模式。而且这种改变不仅仅是在认知层面，更是在神经生物学层面上，我们的神经系统正重新塑造了对社交情境的反应方式，使得原本的恐惧和不安转变为一种可控的、习以为常的技能。**

默笙：骑自行车的比喻非常形象，很多社交牛人在公共场合交流，确实像骑自行车一样自然从容，毫不熬神费力。这种社交技能的刻意练习是必不可少的，但生活没法重复，职场也不给我练习的机会，接下来我该怎样做？

原野：即兴戏剧，或许是克服社交恐惧的好办法！即兴戏剧，是一种自然、轻松和随意的戏剧表达方式，是演员们在没有剧本、没有准备的情况下的一种共同演出。随着演出的开展，他们一起协作，即兴进行对话和动作，而不是使用已经准备好的剧本来演出，没有演出前的排练，这就叫即兴戏剧。

默笙：天啊！还有这样的戏剧形式，没有排练，没有剧本，这样的戏剧可怎样演呢？我真是好奇，想见识见识啊！

原野：是吧，即兴戏剧的独特之处在于即兴，随时随地就可以表演起来。其实你体会一下，我们每天的生活工作不就是即兴戏剧吗？我们没有事先背好台词，没有提前演练的准备，每天的生活大幕拉开，我们和我们周边的人，和我们周边的事物，一起上演一出叫作"人生"的即兴戏剧。

默笙：你这么一说，我就能理解了。生活中自然的言行就是某种意义上的即兴戏剧，那你教我个简单的即兴戏剧，我体验一下！

原野：好的，我们先做一个简单的"名字大爆发"的即兴戏剧。即兴戏剧体验，强调三点要求，第一点是声音，你要说话，发出声音，因为张嘴是我们互动的开始。第二点是交际，一定要有互动，即兴戏剧一定是两人或者三人以上的团体，你能感受在团体中冲突、合作、互动的感觉。第三点是打开身体，控制身体的运动，因为心身是紧密联系的，身体的打开对于内心打开和思维拓展有非常好的促进作用。

"名字大爆发"即兴戏剧的游戏规则如下。

首先我说一句话，例如"一朵花"，然后你跟着我说这句话，"一朵花"，同时用一个身体姿势把它表达出来。之后我说，"一朵花爆发"，你需要用大一倍的声音跟着我说"一朵花爆发"，然后把刚才的身体姿势放大一倍。之后，我会说"一朵花大爆发"，然后你用尽可能十倍的声音跟着我说，"一朵花大爆发"，同时刚才"一朵花"的身体姿势也尽可能放大十倍。之后交换角色，对应练习。这个简单的即兴戏剧体验，练习的是放大声音的音量，促进身体的极限式伸展，能提升我们的心理能量和社交勇气。

默笙："名字大爆发"的即兴戏剧体验太棒了！体验的时候，我有种冒险的感觉，而且敢大声说话，大胆做姿势，好像自信心都要爆棚了！

原野：这便是即兴戏剧的魅力！它练习聆听和观察，同时自然而然地练就一种活在当下的正念能力。另外，即兴戏剧是一种鼓励犯错、鼓励与众不同的游戏体验，因为只有犯错，即兴戏剧才可能给大家带来更多快乐和更有趣的互动。此外，即兴戏剧是一种冒险的勇敢者的游戏，它消除你的害羞、胆怯、忧郁、疑虑，让你跟随着自己的直觉和身体自动反应，增强自信心！其实，社交恐惧是因为我们害怕失败，害怕犯错，然而即兴戏剧恰恰相反，它希望我们犯错误，鼓励我们失败，它告诉我们唯一的失败就是不去尝试！因此，即兴戏剧就是社交恐惧的"特效药"啊！

默笙：是的，我确实能感受到，在即兴戏剧的体验中，自己的社交恐惧被治愈了。接下来，我迫不及待地想进入第二个即兴戏剧体验了！

原野：**即兴戏剧秉承两个重要原则，一个是"人人都是天才，一切都是礼物"。**所以在即兴戏剧的体验中，没有错误的台词，没有错误的角色，没有错误的故事，即兴戏剧包容所有的问题和错误，一切都是正常且完美的表演。**另外一个是"是的，以及"，就是肯定和接纳对方给出的内容，并在此内容上加上我们自己新的内容。**无论对方给我们的回应是什么，哪怕是一些消极评价、指责拒绝等，我们都先说"是的"，接纳承接下来，然后再加上自己的理解和想法。即兴戏剧的反馈模式，可以消除人们基于自我保护的战斗和逃避的本能反应，给社会交往创造更多的可能空间。

接下来，我们玩一个"我是一棵树"的即兴戏剧游戏，这个即兴戏剧开始涉及关联和互动。首先我说，"我是一棵树"，并用身体做出树的样子。之后，你可以说，"我是树上的一个苹果"，并且用身体做出苹果的样子。然后我再创造一个跟苹果相关联的场景，例如，"我是一个吃苹果的小野猪"，并用身体做出小野猪的姿态。然后你再创造一个跟小野猪相关的场景，"我是小野猪旁边的一只松鼠"，并用身体做出松鼠的姿势，以此循环往复。

这个即兴戏剧一方面训练我们的创意能力，让人们在社会交往中从不同视角、不同方面、不同角度去看待关系和互动，开发想象力和互动性；另一方面是训练我们的即时反应能力。**即兴戏剧有"3秒"和"5秒"规则，也就是体验对象在3秒之内必须行动，在5秒内完成即兴表演。**社交恐惧的最大障碍就是我们大脑会考虑很多，担心啊、焦虑啊、时机啊等，千头万绪，让我们瞻前顾后，不能行动。**而即兴反应，让我们不再经过大脑思考，而是直接启动身体，直觉本能的反应，往往能激发最真实、自然的社交潜能。**

默笙："我是一棵树"的即兴戏剧体验很奇妙，我需要马上反应，拥有不同的身份，演绎不同的角色，这不仅很好地舒缓了我的心理压力，而且还探索了一个更加本能的自己，没有脚本，没有思考，不用犹疑，我可以真实而自然地表达自己。这种互动的刻意练习，让我成长很多。

原野：你的表演很成功，很有表演天赋啊！最后一个"我是演员"的即兴戏剧训练，开始加入生活场景，让我们的表演更具日常化，更有生活化，让即兴戏剧的体验与日常生活有更深的链接。同时，我们把在即兴戏剧中学会的技巧、心态、反应等，运用到现实的生活中，提升我们社会交往的能力。

首先我们按照社会交往的心理压力状况，选择一些比较轻松和安全的场景，如"今天我们去哪里玩？""和客户的第三次会谈"等，之后我们选择一些有压力、有冲突的场景，如"今天我要去面试""追尾现场""同事吵架"等。我们依次进入这样的场景，扮演场景中的当事人，面对公众、面对陌生人、面对冲突，刻意练习我们的交往反应，找到恰当的处事范式，并带着即兴戏剧中这份经验、觉知和体验，回到我们真实的社会交往之中。

其实社交恐惧疗愈的本质在于刻意训练、不断脱敏，正如欧阳修在《卖油翁》中说得那句话，"无它，唯手熟耳"。

高效社交：举着火把向前，就会遇到同行的人

默笙：原野老师，经过这么长时间的咨询，我终于能克服社交恐惧了，未来的我渴望通过人际交往，促进自己的成长、成熟和成功！**马克思说，人的本质"在其现实性上，是一切社会关系的总和"。** 因此，突破社会交往的限制，我想未来的生活将更加美好、事业将更加成功！

原野：祝贺你，一路走来，你成了更好的自己。我们在解决社交恐惧的路上，心性也变得越来越成熟。回顾过往，对于社交恐惧问题，首先我们要勇敢地承担责任，**"这是我的问题，让我来承担，让我来解决"**。而之前的心态是逃避责任，推脱责任，不敢直面问题。因此，承担责任不仅是解决问题的先决条件，更是人生心智成熟的必然选择。

美国作家埃尔德里奇·克里佛曾说过这样一句话，"你不

能解决问题，你就会成为问题"。当面临人生重大的决定和选择时，有些人不断推卸责任，逃避责任，将"我不能""我不得不""这不是我的问题"等负面语句挂在嘴边，虽然能获得短暂的痛快和压力的释放，但不成熟的心智却会让他不断地经历失败，长期经受痛苦。承担责任是心智成熟的必要条件，只有承担责任，人们才能积累丰富鲜活的生活经验，掌握处理问题和关系的技巧和能力，才能让心灵不断被滋养，获得充分而自由的发展，心智不断拓展完善，不断走向成熟丰盈。

默笙：面对问题，承担责任，我会做的越来越好的！现在的我，不仅要克服社交恐惧，还渴望有高效的社交关系，享受人际交往过程中的快乐，也希望在人际交往中为生活美满和事业成功积累资源和能量。那我该怎样做呢？

原野：在错综复杂的社会交往的大舞台上，每个人都是舞者，而交往则是我们共同跳起的一支舞。这不仅是一支简单的舞蹈，更是一出精心编排的心理剧，**其底层逻辑是交换，对他人有所贡献。心理学的社会交往理论告诉我们，人们在社交互动中追求最大化自己的利益，这种利益不仅仅是物质的，还包括情感上的满足、社会地位的提升等**。高效人际关系要建立在交换的人性基础上，要想洞察他人的需求和期待，就要先提供我们所能给予的物质帮助或精神支持。例如，当同事在项目中遇到难题时，你伸出援手，不仅解决了问题，还赢得了人际关系中信任感与亲密度。而交换中你的付出，也转化为了你在团队中的影响力和人脉资源。

当然，这样说太抽象了，我们可以做一个人际关系的行为实验，感受对他人有所贡献，在社会交往中的巨大影响。

我们做一个"探索幸福"的行为实验。 首先你做 4 个阄，分别写"自己、陌生人、父母、远方的亲友"，然后准备 120 元零钱。从今天开始，每天抓一个阄，给对应的人买一份 30 元的礼物，之后跟对应的人沟通交流，再用心理量尺给自己的情绪感受打分。幸福快乐的正方向，打高分，满分 10 分；悲伤痛苦的负方向，打低分，最低分 0 分。完成所有 4 次行为实验后，总结我们的情绪感受和心得体会。

（四天后）

默笙：第一天我抓阄，上面写着"远方的亲友"。我第一时间想到曾经高中的朋友，他在东北上大学，好长时间没有联系了。我就用 30 元钱在网上买了两双品牌棉袜子送给他。我把赠送礼物的消息发给他，马上就接到他的电话。他说，收到我的礼物特别开心、特别兴奋，没想到我还惦记着他，今天简直是他的幸运日。接着我们俩聊起了高中生活的快乐时光，足足聊了快 2 小时。我用心理量尺测评了一下我的情绪和感受，可以打 10 分，我真实感受到远方同学的电话给我带来了特别欣喜和追忆时光的幸福感受。

第二天我抽到写着"自己"的一个阄，就单独给自己买些礼物。我从超市里买了一些水果和小零食，拿回宿舍。宿舍的同事们都在，我跟大家说，这是我和老师约定的行为实验，水果和零食不能分享给大家。大家用诧异的眼神看着我，应和着说"没关系，没关系"，但我感觉自己好像做了见不了人的事儿一样，水果和零食吃起来一点滋味也没有。这次感受非常不好，尴尬、内疚和冷淡，我用心理量尺打分，3分吧！

第三天我抽了一个阄，上面写着"父母"。我想给妈妈买个礼物，30块钱能给妈妈买些什么呢？突然想起妈妈梳妆台前的镜子已经裂纹了，但妈妈一直没有买新的，用了很多年。我在网上给她选了一款样式漂亮的镜子寄给她。突然间，我想到这么多年几乎没有关注过妈妈，没有给妈妈买过什么礼物。我把买礼物的事情跟妈妈说了，她对我说，儿子和她简直心有灵犀。前两天镜子不小心打破了，她也一直想买一个呢，今天就突然收到我的礼物，感觉儿子长大了，能关心妈妈，妈妈感觉很欣慰。说到这里，我突然有一股暖流涌入胸膛，特别温暖和感动。好长时间没有和妈妈如此深入地交流了，我的情绪很快乐，情感很幸福，这次心理量尺的打分是9分吧！

第四天只剩下给陌生人送礼物了。我在超市买了个精美的笔记本，然后走在街上准备送出去。我一直很犹豫，感觉给陌生人送礼物总有种居心不良的心态。过了很长时间，我终于鼓起勇气，走到一位陌生的男生面前送上礼物。我先跟他说明情况，这是一个行为实验，按照要求需要给一个陌生人送礼物。这个男生从开始疑惑拒绝，慢慢地变得开心快乐，并谢谢我的礼物，感谢我送给他的意外之喜，也祝福我幸福快乐！接受到来自陌生人祝福，自己也非常开心，心理量尺打分8分吧！

原野：祝贺你完成了"探索幸福"的行为实验，总结一下感受和收获，你认为幸福快乐的人际关系的秘诀是什么呢？

默笙：**第一，积极主动地促进社会链接与互动。**给他人送礼物，能增强人际关系和社会联系，不仅带给接受者快乐，同时也能让送礼者感受到与他人建立联系的喜悦感。**第二，享受利他行为的奉献感。**心中有他人，跳出狭隘的自我思维框架，能减轻焦虑和抑郁的负性思维，提升生活幸福感和满意度。**第三，胸怀感恩与满足之心。**积极的社会互动能激起由内而外的感恩与满足，增强自我认同和自尊体系的发展。

原野：祝贺你的成长，你的总结非常精彩！**心理学家曾说过"注意力就是事实"，强调所关注的事物带给我们的重要影响。**当我们心怀感恩之心，有意识地关注关系中他人的期待，并享受助人之乐，那我们就可以用智慧和同理心，共同编织一张温暖而坚韧的人际网。当你举起火把，同行的人就顺着火光向你聚拢，在社会交往的舞蹈中，找到属于自己的节奏，与他人共创出一首和谐的交响圆舞曲，活出生命的美好。

➡ 后记

　　人生真的很有趣，曾经少不更事的想法、无意间看到的一本书、不假思索的决定，都可能彻底地改变了之后的人生轨迹。

　　小时候，我的梦想是当一个作家，仅仅因为书里的故事吸引我，于是我就想成为一个给别人讲有趣故事的人；上大学期间，我在图书馆里偶尔翻看《弗洛伊德文集》，被这种从心理分析疗愈精神疾病的理念吸引；工作以后，爱人偶然间问我，什么事情没去做会遗憾终生，我不假思索地回答"心理沙盘"；人到中年，我辞去高校副处级岗位的工作，踏上心理教育和咨询的"朝圣之旅"。那不是壮士易水告别的悲壮，而是玄奘西行求法的坚定！

　　今天，众多的人生经历偶然成就了我写一本心理学方面的专著，让我将十几年心理教育咨询的经验和十几万字的心理教育咨询的素材，用对话体的方式，用一种接近心理困扰自助手册的方式，带你走出内心的无力感，踏上一段自我探索、自我转变和自我跃迁的旅程。

回首自己十几年的心理教育和咨询历程，我发现了人们之所以会陷入心理无力状态的真相，"问题就是答案，你就是打开心理无力感的钥匙"。诚然，很多心理问题的原因是原生家庭创伤、社会物质化工具化趋势，以及传统与现代、现实与理想的差距冲突等，它们都是造成青年人心理无力感的重要因素。但毫无疑问，内心深处"回避问题和逃避痛苦的倾向"，才是造成心理无力感的根本原因。面对问题和痛苦，人们往往选择逃避，沉溺于虚拟世界的美好，试图通过短暂的快乐来麻痹自己。然而这种逃避的倾向，徒增更多的烦恼与痛苦，让问题更加糟糕，也让自己在困境中越陷越深。正如弗洛伊德所说："未解决的问题是心灵的疾病。"因此，迎难而上，主动承担责任，"敢于直面惨淡的人生，敢于正视淋漓的鲜血"，战胜内心的恐惧，摆脱无力感的束缚，实现心智成长，才能成就人生旅途中真正的、最好的自己。

最后，感谢人生中一切促使我踏上心理之路的亲人和朋友，感谢人生中遇见的成就了我的心理来访者，感谢给予我莫大支持和鼓励的赵嵘编辑，感谢诸位冥冥中神交已久的敬爱的读者们！

一切尽在不言中，让书中的文字告诉你，你非常重要！

田 辉

参考文献

［1］ 阿尔弗雷德·阿德勒.自卑与超越［M］.曹晚红，译.北京：中国友谊出版社，2016.

［2］ 克里斯廷·内夫.自我关怀的力量［M］.刘聪慧，译.北京：中信出版社，2017.

［3］ 贝弗莉·恩格尔.这不是你的错：如何治愈童年创伤［M］.魏宁，译.北京：人民邮电出版社，2016.

［4］ 阿尔伯特·埃利斯.我的情绪为何总被他人左右［M］.张蕾芳，译.北京：机械工业出版社，2015.

［5］ 阿尔弗雷德·阿德勒.阿德勒心理学讲义［M］.吴宝妍，译.北京：化学工业出版社，2019.

［6］ 岸见一郎，古贺史健.被讨厌的勇气［M］.渠海霞，译.北京：机械工业出版社，2015.

［7］ 奇普·希思，丹·希思.瞬变：让改变轻松起来的9个方法［M］.姜奕晖，译.北京：中信出版社，2014.

［8］ 马丁·塞利格曼.认识自己，接纳自己［M］.任俊，译.杭州：浙江教育出版社，2020.

［9］ 彼得·德容，茵素·柏格.焦点解决短期治疗：技巧与应用［M］.沈黎，吕静淑，译.上海：华东理工大学出版社，2022.

［10］ 维克多·弗兰克尔.活出生命的意义［M］.吕娜，译.北京：华

夏出版社，2018.

[11] 阿尔贝·加缪.西西弗神话［M］.杜小真，译.北京：商务印书馆，2018.

[12] M.斯科特·派克.少有人走的路：心智成熟的旅程［M］.于海生，严冬冬，译.北京：北京联合出版社，2018.

[13] 丹尼尔·卡尼曼.思考，快与慢［M］.胡晓姣，李爱民，何梦莹，译.北京：中信出版社，2012.

[14] 爱弥尔·涂尔干.自杀论［M］.冯韵文，译.北京：商务印书馆，2001.

[15] 泰勒·本-沙哈尔.幸福的方法［M］.汪冰，刘骏杰，倪子君，译.北京：中信出版社，2013.

[16] 约翰·科特，丹·科恩.变革之心［M］.刘祥亚，译.机械工业出版社，2024.

[17] 丹尼尔·平克.全新思维［M］.高芳，译.北京：中国财政经济出版社，2023.

[18] 凯斯·R.桑斯坦.信息乌托邦：众人如何生产知识［M］.毕竞悦，译.北京：法律出版社，2008.

[19] 岳晓东.登天的感觉：我在哈佛大学做心理咨询［M］.北京：民主与建设出版社，2018.

[20] 史蒂芬·柯维.高效能人士的七个习惯［M］.高新勇，王亦兵，葛雪蕾，译.北京：中国青年出版社，2020.

[21] 彼得·莱文，安·弗雷德里克.唤醒老虎：启动自我疗愈本能［M］.王俊兰，译.北京：机械工业出版社，2016.

[22] 理查德·怀斯曼.正能量［M］.李磊，译.长沙：湖南文艺出版

社，2012.

［23］ 彭凯平，闫伟．活出心花怒放的人生［M］．北京：中信出版社，2020.

［24］ 马丁·塞利格曼．习得性无助［M］．李倩，译．北京：中国人民大学出版社，2020.

［25］ 伯特·海灵格，索菲·海灵格．谁在我家：海灵格新家庭系统排列［M］．元义，译．北京：世界图书出版社，2018.

［26］ 乔纳森·海特．象与骑象人：幸福的假设［M］．李静瑶，译．杭州：浙江科学技术出版社，2023.

［27］ 大卫·韦斯特布鲁克，海伦·肯纳利，琼·柯克．认知行为疗法：技术与应用［M］．方双虎，等译．北京：中国人民大学出版社，2014.

［28］ 阿尔弗雷德·阿德勒．生活的科学［M］．张晓晨，译．上海：上海三联书店，2016.

［29］ 尼克·奥特纳．轻疗愈［M］．美同，译．北京：当代中国出版社，2014.

［30］ 苏广辉．即兴戏剧［M］．北京：北京联合出版社，2020.